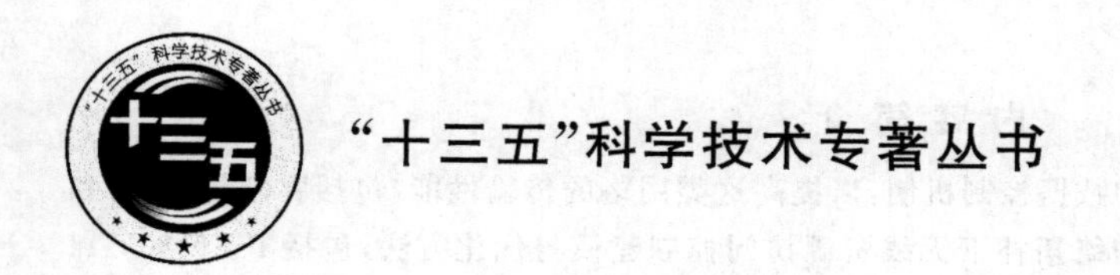

多跳无线网络数据传输

周安福　著

北京邮电大学出版社
www.buptpress.com

内 容 简 介

本书主要研究大规模多跳无线网络的数据控制机制，以提高这类网络的传输性能，包括吞吐量、延迟和公平性等性能指标。本书提出了非对称网络拓扑下无线资源访问控制建模与优化方法，包括 IEEE 802.11 DCF 吞吐量定量分析方法、多竞争流公平性改善方法；兼顾延迟与网络效用的数据传输跨层控制算法，对速率控制、路由和调度进行联合优化，在保障最大的网络效用的同时实现网络流间的线性延迟区分，从而可以有效降低实时网络应用的延迟；基于跨层控制的多 AP 分流机制，包括队列提前、调度同步等一系列新方法来解决跨层控制在实际应用中面临的问题，使其能够在实际网络中应用。

本书体系结构完整，注重结合理论与实际，可作为计算机科学与技术、网络工程等相关专业的工程技术人员、科研人员、研究生和高年级本科生的参考用书。

图书在版编目(CIP)数据

多跳无线网络数据传输 / 周安福著. -- 北京 ：北京邮电大学出版社，2019.8

ISBN 978-7-5635-5789-9

Ⅰ. ①多… Ⅱ. ①周… Ⅲ. ①无线网－数据传输 Ⅳ. ①TN92

中国版本图书馆 CIP 数据核字（2019）第 162480 号

书　　名：多跳无线网络数据传输
作　　者：周安福
责任编辑：满志文　穆菁菁
出版发行：北京邮电大学出版社
社　　址：北京市海淀区西土城路 10 号（邮编：100876）
发 行 部：电话：010-62282185　传真：010-62283578
E-mail：publish@bupt. edu. cn
经　　销：各地新华书店
印　　刷：北京九州迅驰传媒文化有限公司
开　　本：787 mm×1 092 mm　1/16
印　　张：6
字　　数：142 千字
版　　次：2019 年 8 月第 1 版　2019 年 8 月第 1 次印刷

ISBN 978-7-5635-5789-9　　定　价：38.00 元

前　言

当前，无线网络发展的一个重要趋势是从单跳无线网络发展为Mesh和Ad Hoc等大规模多跳无线网络。相比于单跳无线网络，多跳无线网络的网络拓扑和无线链路间的数据传输冲突关系更为复杂，这使得当前沿用于单跳无线网络的数据传输控制机制不再适用于多跳无线网络。研究表明，在这种数据传输控制机制下，多跳无线网络性能低下，体现为网络吞吐量低、公平性差和延迟大。针对该问题，学术界开展了广泛的研究工作以提高多跳无线网络的网络性能。现有研究工作可以分成两类：第一类的分层控制研究是对目前沿用于单跳无线网络的传输控制机制进行改进和扩展；第二类的跨层控制研究是从理论出发，重新设计多跳无线网络的数据传输控制机制。然而这些研究工作对网络性能的提升通常局限在某一方面，却忽视甚至降低了另外一方面的网络性能指标。在本书中，作者针对这一问题，对多跳无线网络数据传输控制进行了系统性研究，取得以下研究成果。

(1) 非对称网络拓扑下资源访问控制建模与优化。在分层控制中，调度层的IEEE 802.11 DCF在一定的退避窗口和退避阶数等参数设置下协调节点间的资源访问冲突，决定一个节点能使用的网络资源。在多跳无线网络中，拓扑的非对称性引起IEEE 802.11 DCF的失效，使网络流间吞吐量存在严重的不公平性问题。本书提出一个能在各种参数下计算节点吞吐量的IEEE 802.11 DCF分析模型G-Model，通过G-Model可以求得让网络达到公平的IEEE 802.11 DCF参数。在此基础上，本书提出一种新的网络性能优化方法FLA，FLA可在不损失网络吞吐量和延迟的条件下大幅度提高多跳无线网络的公平性。

(2) 兼顾延迟与网络效用的数据传输跨层控制算法。跨层控制作为一种具有深厚理论基础的控制机制，能使多跳无线网络达到最大网络效用。然而，跨层控制面临的一个重要问题是它会引起很大的端到端延迟。针对这一问题，本书提出了一个联合速率控制、路由和调度的新跨层控制算法CLC_DD(Cross-Layer Control with Delay Differentiation)。CLC_DD算法能保障最大的网络效用，同时实现网络流间的线性延迟区分，从而可以有效降低延迟敏感业务的延迟。

(3) 基于跨层控制的多AP分流机制。集中式网络通常具有较高密度的AP覆盖，这给提高网络性能带来了新机会。现有研究工作提出了多种机制以利用多AP分集来提高网络性能，然而这些机制都基于启发式的技术路线，不能保障最大限度地挖掘多AP分集的潜力，因而使得网络整体性能较低。针对这一问题，本书提出基于跨层控制的多AP分流机制，该机制对兼顾延迟与网络效用的跨层控制算法进行适应性修改，设计队列提前、调度同步等一系列新方法解决跨层控制在实际应用中面临的问题，使其能够在集中式网络中应用。相比于现有工作，基于跨层控制的多AP分流机制能更充分地利用多AP分集的潜力，大幅度提高网络整体性能。

作　者

目　录

图 目 录

表 目 录

第1章 引 言

1.1 研究意义

当前,无线网络发展的一个重要趋势是从单跳无线网络发展为 Mesh 和 Ad Hoc 等大规模多跳的无线网络。多跳无线网络与有线网络和单跳无线网络(单小区无线局域网、蜂窝网等)在结构上有较大的区别:在多跳无线网络中,无线节点既是主机也是路由器,并且无线节点具备自组织和自配置能力,可在没有其他通信设施支持的情况下实现快速组网和数据传输。

多跳无线网络的研究源于军事通信的需要。早在 1972 年,美国国际高级研究计划局(Defense Advanced Research Projects Agency,DARPA)就启动了分组无线网在战场环境下应用的研究[38]。该研究表明,战场等特殊场合的通信不能依赖任何预设的网络设施,而需要一种能够临时快速自动组网的移动网络。1991 年,IEEE 802.11 标准委员会把这种无线移动网络定义为“Ad Hoc 网络”。随后,多跳无线网络的研究扩展到民用领域,出现了 Mesh(网格)网络、多接入结节(Access Point,AP)稠密 WLAN 等新型的多跳无线网络。这类网络可以扩大无线覆盖范围,提供更便利的网络接入,在企业、校园等环境得到了广泛的应用[7,3,111]。近年来,无线传感器网络和物联网发展迅速,这些网络通常以多跳无线的形式进行数据的搜集传输,这也进一步扩大了多跳无线网络的应用范围[28]。

多跳无线网络的特性和优势在于数据包可以经过多个中间无线节点的转发,即经过多跳(Multi Hop)传输到达目的地,从而可以在不能利用或不便利用现有网络基础设施的情况下提供一种通信支撑环境。然而,多跳传输带来上述优势的同时,也引起了一系列的问题:一方面,在多跳无线网络中,所有数据都通过无线链路进行传输,这就使网络的带宽资源非常紧张;另一方面,相比于单跳无线网络,多跳无线网络的拓扑更为复杂,无线链路间的数据传输相互冲突,使无线资源的管理极具挑战。

针对网络资源紧张的问题,学术界和工业界提出了 OFDM[95]、智能天线[100]、MIMO[121]和软件无线电技术[36]等多种方案。虽然这些方案都能提供更多的网络带宽资源,但网络带宽资源终归有限,且随着网络应用的蓬勃发展,多跳无线网络的带宽资源会一直处于紧张状态[7]。因此,如何管理网络资源,实现网络资源的优化利用是一个更为重要的问题。并且研究表明,在当前的网络资源管理方式下,多跳无线网络性能低下[104,64]。因此,研究适用于多跳无线网络的资源管理机制,提高多跳无线网络的网络性能,是一个急迫的并具有重要意义的研究方向。

网络资源的管理方式由网络的数据传输控制机制决定。数据传输控制机制的功能包括速率控制、路由和调度三个方面。其中,速率控制层决定从外部进入网络的数据速率,在充分利用网络传输能力的同时避免网络拥塞;路由层为网络数据选择最佳的网络路径进行传输;调度层决定数据包在链路上的传输时机,解决链路争用以避免传输冲突。

多跳无线网络在其发展初期,普遍沿用了有线网络和单跳无线网络中的传输控制机制:在速率控制层使用 TCP,在路由层使用最短路由,在调度层使用 IEEE 802.11 DCF。然而研究表明,这些传输控制机制并不适用于多跳无线网络这种新的网络组织形式,在网络中使用这些机制造成了网络性能的恶化,具体体现为网络吞吐量低、公平性差和延迟大[104,64]。

针对该问题,学术界开展了广泛的研究工作以提高多跳无线网络的网络性能。这些研究工作可以分成两类:第一类是对沿用于有线网络和单跳无线网的传输控制机制进行改进和扩展的工作。这类工作根据多跳无线网络的特点,对 TCP、最短路由和 IEEE 802.11 DCF 进行相应的修改。在这类研究中,各个控制层次间相互隔离,因此我们称之为分层控制机制。其中,在 TCP 层的研究工作方面,第一部分的工作 TCP-F[27],TCP-BUS[73],ATCP[81] 在链路状态变差或传输路径改变时冻结拥塞控制窗口;另外一部分的工作 LRED[39],ATP[110],NERD[134] 等关注多跳无线网络的区域拥塞问题。在路由层次,第二部分的研究工作认识到在多跳无线网络环境下,最短路径不一定是最佳路径,提出了新的路由判据如最少传输次数 ETX[19];第三部分的研究工作提出了结合多跳无线网络拓扑信息的层次路由(Hierarchical Routing)[101] 和基于地理信息的路由(Geographic Routing)[37] 等。在调度层次,目前的研究工作扩充了 IEEE 802.11 DCF,使其可以利用方向天线、软件无线电等新的物理层技术[71,29]。总的来说,上述工作都可以有效提高网络的吞吐量,同时能保持较小的网络延迟。然而,网络公平性存在严重的问题。

分析发现,随着多跳无线网络的发展,网络拓扑具有了非对称性的特点。非对称网络拓扑引起 IEEE 802.11 DCF 资源分配机制的失效,这种失效使得 IEEE 802.11 DCF 在默认参数设置下不能正确地在节点间分配网络带宽,从而造成了吞吐量的不公平。解决此问题的一种技术路线是研究能够在各种参数下计算节点吞吐量的 IEEE 802.11 DCF 分析模型,然后通过这种模型求得能让网络达到公平的合适的 IEEE 802.11 DCF 参数[44,45,57]。在 IEEE 802.11 DCF 建模分析的研究方面,大部分的研究工作都局限于对称网络下的建模分析[8,67,105]。而在非对称拓扑下,节点感受的网络状态互不相同,这就给非对称拓扑下 IEEE 802.11 DCF 的建模带来了更大的挑战。虽然目前也有一些工作对非对称拓扑下的 IEEE 802.11 DCF 进行建模分析,但这些模型采用了不切实际的假设,没有对非对称拓扑是如何定量地影响网络吞吐量的问题进行全面和深入的研究,因而这些模型只在默认参数下有效,不能作为资源访问控制优化调整的基础。针对这一问题,本书的第一个内容即为研究非对称网络拓扑下 IEEE 802.11 DCF 的通用模型,在此基础上研究 IEEE 802.11 DCF 的优化方法,以提高多跳无线网络的网络公平性。

上述第一类的研究是对目前广泛使用的传输控制机制的改进和扩展,可以看作"演进式"研究;而第二类研究则是"革命式"的研究。这类研究从零开始,重新设计多跳无线网络中的数据传输控制机制。与之前传输控制大多基于启发式的思想,在协议设计完成之后通过反向工程方法逐步改进的设计思路不同,这类研究采用了一种自上而下的设计思路,从理论出发,把数据传输控制形式化为一个有约束条件的最优化问题,通过优化问题的建模和求解过程设计新的数据传输控制机制。在这种新机制中,速率控制、路由和调度各个控制层次间需要协同工作,因此被称为数据传输跨层控制机制。

从参考文献[123]中的经典工作开始,跨层控制已经得到广泛的关注和研究。其中早期的工作如参考文献[82,94]扩展了参考文献[123]中的最优路由和调度联合机制(该最优机制能支持最大的网络容量空间),提出了联合速率控制、路由和调度的跨层控制机制。近期的研究工作大多集中于降低跨层控制的计算复杂性[60,74,78]和实现分布式的跨层控制[87,34,112,133,62,80,64]。研究表明,跨层控制能有效地利用多跳无线网络的带宽资源,以达到最大的网络效用(根据定义,网络效用能体现吞吐量和公平性的双重优化指标,达到最大的网络效用意味着能达到最大的网络吞吐量和预设的网络公平性)。然而,一个重要的问题是跨层控制在设计之初只是考虑到网络吞吐量和公平性这两个性能指标,没有考虑到网络延迟。而近期的研究表明,跨层控制会引起很大的端到端延迟[141,15,53]。

针对这一问题,学术界开展了低延迟跨层控制的研究工作。然而,现有工作是在跨层控制形成之后,再介入这些控制过程,通过调整进入网络的数据速率等手段来降低延迟,这些工作未能从根本出发,在跨层控制优化问题形成的初始阶段就考虑延迟需求,使得这些工作存在以下的不足:一是现有绝大部分工作只能降低整个网络所有业务流的平均延迟,而没有考虑业务流间的不同延迟需求,无法实现业务流粒度的延迟调整;二是在为数不多的业务流粒度的延迟降低工作中,为了实现业务流粒度的延迟降低,这些工作的网络效用大幅度降低。而跨层控制的最大优势就是能够实现网络资源的最优化利用,达到最大的网络效用。为了降低延迟而牺牲大量的网络效用,就违背了跨层控制的设计初衷。针对这一问题,本书工作的第二部分即为研究兼顾延迟与网络效用的创新的数据传输跨层控制机制,在保持网络效用最大化的同时,实现业务流粒度的延迟调整,以满足网络业务的不同延迟需求。

此外,跨层控制作为从理论出发而设计的数据传输控制机制,在实际应用的时候面临很多的挑战。其中最重要的是跨层控制需要知道网络的全局信息(例如需要知道网络中所有节点上每个业务流的队列长度),并根据全局信息在特定的网络实体上进行集中式的计算。如何结合网络本身特点,使提出的兼顾延迟与网络效用的数据传输跨层控制可以在网络中得到部署和应用,是本书工作的第三个研究内容:基于跨层控制算法的多AP分流机制研究。目前,作为多跳无线网络的一种形式,集中式无线网络(Centralized Wireless Networks)已经广泛部署在公司办公楼和大学校园等环境。这些网络通常具有较高的接入节点(Access Point,AP)密度,这种高密度的接入节点形成了多AP分集(Multi-AP diversity),这种特性给提高网络性能带来了一个新机会。在学术界,已经有很多工作提出了多种AP分流机制,以利用多AP分集来提高无线网络性能。然而这些工作[147,86,128,91]都是基于启发式的想法,不能保障能最大限度地挖掘多AP分集的潜力,造成网络吞吐量和公平性较低,也无法保障优先业务的延迟需求。针对这一问题,本书工作的第三个研究内容对理论最优的跨层控制进行适应性的修改,使其应用到集中式网络中以最大程度地发掘多AP分集的潜力,全方面地提高网络性能。

综上所述,在多跳无线网络这种新的网络组织形式下,沿用有线网络和单跳无线网的数据传输控制机制使得多跳无线网络性能恶化,具体体现在网络吞吐量低、公平性差和延迟大。学术界对这一问题也展开了广泛的研究。然而目前的研究工作对网络性能的提升通常局限在某一个方面,却忽视甚至降低了另外方面的网络性能指标。其中,分层控制的研究提高了网络吞吐量，并能保障较小网络延迟，但网络公平性存在严重问题；跨层控制虽然能达到最大的网络吞吐量和预设的网络公平性，但其网络端到端延迟非常大。针对这些问题，本书的研究能够全面地提升网络性能的多跳无线网络数据传输控制机制，提高分层控制下的网络公平性，降低跨层控制下的网络延迟，实现网络吞吐量、公平性和延迟性能的全面提升。

1.2 本书背景与研究思路

本书围绕多跳无线网络数据传输控制机制的基础性研究工作展开。在国家自然科学基金、973 等项目的支持下，作者对多跳无线网络数据传输控制的问题和国内外研究现状进行深入的分析，对多跳无线网络的数据传输控制进行系统性的研究，以实现网络吞吐量、公平性和延迟性能的全面提升。研究思路如下：

首先，本书研究分层控制下的网络公平性问题。分层控制作为目前网络中广泛使用的控制机制，对沿用于有线网络和单跳无线网的传输控制机制进行了改进和扩展。总的来说，这些研究工作可以有效提高网络的吞吐量，同时能保持较小的网络延迟。然而，网络公平性仍然存在严重的问题。在单跳无线网络中，节点都在同一个传输范围内，因此所有节点感受到的网络状态是相同的，也就是说，网络拓扑是对称的。与此相反，在多跳无线网络中，网络拓扑出现了非对称这一新特点。在非对称拓扑下，不同节点感知的网络状态互不相同。现有研究表明，非对称的网络拓扑使得 IEEE 802.11 DCF 在默认参数设置下不能正确地在节点间分配网络带宽资源，从而造成了吞吐量的不公平[44,45,57]。具体来说，在 IEEE 802.11 DCF 中，节点在退避窗口和退避阶数等多种 MAC 层参数的控制下竞争网络资源，不同的 MAC 层参数设置对应不同的节点吞吐量。在多跳无线网络中使用的 IEEE 802.11 DCF 沿用了一组在单跳无线网络下行之有效的 MAC 层参数。然而，在多跳无线网络的非对称拓扑下，由于节点所处的拓扑位置关系不同，使用这组 MAC 参数配置会使节点吞吐量差异极大，就造成了网络的不公平性问题。在 IEEE 802.11 DCF 的框架下，解决不公平性问题的一个有效技术方案是优化 MAC 层参数。这种 MAC 层优化的挑战在于需要一个分析模型来预测非对称拓扑下不同 MAC 参数设置下节点的吞吐量，并通过这个分析模型求得能够让网络达到公平性的最佳参数。在 IEEE 802.11 DCF 的建模分析方面，虽然现有研究提出过一些对称拓扑下的 IEEE 802.11 DCF 模型，但这些模型采用了不切实际的假设，没有对非对称拓扑是如何定量地影响网络吞吐量的问题进行全面和深入的研究，因而这些模型只在默认参数下有效，当 MAC 参数改变时，这些模型的误差极大，因此不能作为资源访问控制优化调整的基础。针对这一问题，本书首先研究非对称拓扑下能计算各种参数设置的节点吞吐量的 IEEE 802.11 DCF 分析模型，在此基础上研究 IEEE 802.11 DCF 的优化方法，以提高多跳无线网络的网络公平性。

然后，本书研究跨层控制的延迟问题。跨层控制是近些年兴起的一种研究数据传输控制的新思路，它从理论出发，把数据传输控制形式化为一个有约束条件的最优化问题，通过优化问题的建模和求解过程设计新的数据传输控制机制。在跨层控制中，速率控制、路由和调度各个控制层次间紧密耦合、协同工作，可以使网络达到最大的网络效用。然而跨层控制为了达到最大的网络效用，会使用网络中所有的可能路径进行数据传输，而这些路径往往包含了不必要的、过长的网络路径，这就使网络延迟很大。现有研究为了降低延迟，往往会限制网络数据的可能传输路径，这样虽然降低了延迟，但也使网络效用大大降低。针对这一问题，本书研究兼顾延迟与网络效用的跨层控制。我们知道，网络中不同业务的延迟需求并不一致。基于这种现象，我们的直观思路是在每条网络路径上，优先调度延迟敏感业务的数据包，以合理调配业务流间的延迟，实现延迟区分。然而，在跨层控制中，速率控制、路由和调度各个控制层次紧密耦合在一起，在调度层的单独改变可能会影响整个网络的性能。现有降低延迟的跨层机制就是因为这个原因导致损失了过多的网络效用。为了同时满足延迟区分和网络效用最大化这两个目标，我们的技术方案是在传输控制形式化成优化问题这一初始步骤的时候，就引入体现延迟区分的要求。在这个新的优化问题中，我们使用目标函数表达网络效用的最优化需求，同时使用约束条件表达了不同业务流的延迟需求。通过解这个优化问题，可望得到既能够实现延迟区分，又能够保障网络效用最大化的新的跨层控制。在此基础上，为了实现业务流粒度的延迟控制，我们需要对延迟区分效果进行定量界定，也就是说，我们需要知道当延迟权重改变时，会对不同业务流的网络延迟具体造成多大的影响。本书对所提出的新跨层控制的延迟区分效果进行了深入分析，明确了其具有线性延迟区分效果的良好性质。

最后，本书研究兼顾延迟与网络效用的跨层控制在实际网络中的应用方法。目前，集中式的无线网络已经广泛部署在公司办公楼和大学校园等环境，为了扩大覆盖范围，集中式网络通常具有较高的 AP 密度，这种高密度的 AP 就形成了多 AP 分集。跨层控制在理论上能以最优的方式来利用网络中的所有可能路径进行数据传输，从而达到最大的网络效用，即可以在最大程度上利用多 AP 分集的潜力。然而跨层控制作为从理论出发而设计的数据传输控制机制，在实际应用时面临很多挑战。其中最重要的是跨层控制需要知道网络的全局信息(例如需要知道网络的干扰图和网络中所有节点上每个业务流的队列长度等)，并根据全局信息在特定的网络实体上进行集中式的计算。此外，IEEE 802.11 协议的单链接架构和集中式网络的有线/无线混合场景也对跨层控制的应用形成了障碍。针对这一问题，本书结合集中式网络本身特点，对兼顾延迟与网络效用的跨层控制进行适应性修改，使其在网络中得到部署和应用，以尽可能地利用多 AP 分集的潜力，提高网络性能。

1.3　主要贡献

本书在国家自然科学基金和 973 项目的支持下，通过对多跳无线网络数据传输控制的系统性研究，取得了以下创新性研究成果。

(1) 非对称网络拓扑下资源访问控制建模与优化。在分层控制中，调度层的 IEEE 802.11 DCF 在一定的退避窗口和退避阶数等参数设置下协调节点间的资源访问冲突，决定一个节点能使用的网络资源。在多跳无线网络中，拓扑的非对称性引起 IEEE 802.11 DCF 的失效，使得网络流间吞吐量存在严重的不公平性问题。本书提出一个能在各种参数下计算节点吞吐量的 IEEE 802.11 DCF 分析模型 G-Model，通过 G-Model 可以求得让网络达到公平的 IEEE 802.11 DCF 参数，为多跳无线网络的资源访问控制优化提供了基础。在此基础上，本书提出一种新的网络性能优化方法——FLA，FLA 可在不损失网络吞吐量和延迟的条件下大幅度提高多跳无线网络的公平性。

(2) 兼顾延迟与网络效用的数据传输跨层控制算法。跨层控制作为一种具有深厚理论基础的控制机制,能使多跳无线网络达到最大网络效用。然而,跨层控制面临的一个重要问题是它会引起很大的端到端延迟。近年来学术界提出了一些降低延迟的跨层控制算法,但这些算法在降低延迟的同时,也极大地降低了网络效用。针对这一问题,本书提出了一个联合速率控制、路由和调度的新跨层控制算法 CLC_DD(Cross-Layer Control with Delay Differentiation)。CLC_DD 算法能保障最大的网络效用,同时实现网络流间的线性延迟区分,从而可以有效降低延迟敏感业务的延迟。

(3) 基于跨层控制的多 AP 分流机制。集中式网络通常具有较高密度的 AP 覆盖,这给提高网络性能带来了新机会。现有研究工作提出了多种机制以利用多 AP 分集来提高网络性能,然而这些机制都基于启发式的技术路线,不能保障能最大限度地挖掘多 AP 分集的潜力,因而使得网络整体性能较低。针对这一问题,本书提出基于跨层控制的多 AP 分流机制,该机制对兼顾延迟与网络效用的跨层控制算法进行适应性修改,设计队列提前、调度同步等一系列新方法解决跨层控制在实际应用中面临的问题,使其能够在集中式网络中应用。相比于现有工作,基于跨层控制的多 AP 分流机制能更充分地利用多 AP 分集的潜力,大幅度提高网络整体性能。

1.4 本书内容组织

本书的内容如下。

第 2 章分别对多跳无线网络分层控制和跨层控制的研究现状进行综述。在分层控制中,分别阐述现有研究在速率控制、路由和调度这三个层次对沿用单跳无线网络的传输控制进行改进和扩展的工作。在跨层控制中,分别阐述跨层控制的理论基础、计算复杂性、分布式实现、延迟分析与优化及其实际应用的研究工作。

第 3 章阐述非对称网络拓扑下资源访问控制建模与优化的研究工作。本章首先分析典型非对称拓扑 AIS 下的数据发送和丢包概率分布,并利用这种分布解释现有模型失效的原因。接着,本章对 AIS 拓扑下资源访问控制机制 IEEE 802.11 DCF 进行建模分析,提出能计算任意网络参数设置下节点吞吐量 IEEE 802.11 DCF 分析模型 G-Model。最后,本章基于 G-Model 提出一个模型驱动的优化方法,以解决多跳无线网络中的不公平性问题。

第 4 章从跨层控制的系统模型出发,提出兼顾延迟和网络效用的数据传输跨层控制算法 CLC_DD,并基于 Lyapunov 优化理论证明 CLC_DD 能够达到最大的网络效用。接着,结合排队论中的时间相关优先级队列,分析 CLC_DD 的延迟区分效果。

第 5 章首先指出多 AP 分集的潜力,接下来给出基于跨层控制的多 AP 分流机制。该机制对理论最优的兼顾延迟与网络效用的跨层控制进行适应性修改:首先移除 IEEE 802.11 的单链接的限制,其次使用队列提前的机制来处理集中式网络中的有线/无线混合环境,并提出 AP 反馈的机制以实现跨层控制的调度同步。最后,由给出的仿真结果表明,和现有工作相比,所提出的机制可有效利用多 AP 分集,全面提高网络吞吐量、公平性和延迟性能。

第 6 章对本书进行总结,并讨论未来的研究方向。

第2章 多跳无线网络数据传输控制机制现有研究综述

在多跳无线网络中,数据包可以经过中间无线节点的多跳转发到达目的地,因而多跳无线网络可在不能或不便利用现有网络基础设施的情况下提供一种通信支撑环境。然而多跳传输带来上述优势的同时,也使无线链路间数据传输冲突关系变得非常复杂,因而对多跳无线网络数据传输控制机制的研究形成了极大的挑战。很多研究表明,目前的数据传输控制机制存在较大的问题,在多跳无线网络中应用这些机制会造成网络性能恶化,具体体现在网络吞吐量低、公平性差和延迟大。针对该问题,学术界开展了广泛的研究工作。本章首先对数据传输控制机制进行概要阐述,然后综述多跳无线网络数据传输控制机制的研究现状。

2.1 网络性能和数据传输控制机制概述

一个网络的网络性能通常使用三个指标来衡量:网络吞吐量、网络公平性和网络延迟。一个业务流的吞吐量指的是在单位时间内从该业务流源节点到该业务流目的节点成功传送的数据量。所有业务流吞吐量的总和称为网络吞吐量,通常使用 kbit/s 和 Mbit/s 等作为单位。网络公平性用来衡量不同业务流间吞吐量的差异。若业务流间吞吐量的差异越小,则说明网络公平性越高。衡量网络公平性的指标为平滑指数(Jain's fairness index)[58]。一个数据包的网络延迟定义为数据包在网络中传输所用的时间,即从数据包开始进入网络到它离开网络之间的时间。一个业务流的延迟定义为属于该业务流的所有数据包的延迟的平均值,而网络延迟定义为所有业务流延迟的平均值。

一个网络的网络性能高低取决于该网络使用的数据传输控制机制。例如,如果传输控制机制不能恰当地决定进入网络的数据速率,使进入网络的速率总量超过了网络的传输能力,那么网络拥塞和随之而来的丢包以及数据包的重复传输会使网络性能低下。随着网络应用的蓬勃发展,多跳无线网络的带宽资源会一直处于紧张状态[7]。如何设计适用于多跳无线网络的数据传输控制机制,实现网络资源的优化利用,以提高多跳无线网络的性能,是一个非常重要的问题。

目前,多跳无线网络中的数据传输控制可以分成两类。在第一类的机制中,速率控制、路由和调度这三个控制层次间相互隔离,三者间缺乏协同合作,因此第一类机制被称为分层控制。在第二类机制中,上述三个控制层次间相互协调,紧密耦合到一起,因此第二类机制被称为跨层控制。下面,分别阐述这两类数据传输控制机制的研究进展。

2.2 数据传输分层控制

多跳无线网络在其发展初期，普遍沿用了有线网络和单跳无线网络中的传输控制机制：在数据控制层使用 TCP，在路由层使用最短路路由，在调度层使用 IEEE 802.11 DCF。研究表明，这种直接沿用于有线网络和单跳无线网络的分层控制，会使多跳无线网络性能恶化，因此并不适用于多跳无线网络。针对这一问题，学术界的研究工作根据多跳无线网络的特点，对 TCP、最短路路由和 IEEE 802.11 DCF 进行相应的修改，以提高网络性能。下面，我们分别从速率控制、路由和调度这三个控制层次阐述目前分层控制的研究进展。

2.2.1 速率控制层的研究

分层控制采用基于拥塞窗口的 TCP 进行速率调节，在这种机制下，数据源节点随着时间的推移而线性地增加数据发送窗口，直到检测到网络拥塞时，就成倍数地降低滑动窗口。在有线网络中，一般用丢包作为判断网络是否拥塞的标志。然而随着无线网络尤其是多跳无线网络等新网络形式的出现，这种拥塞检测和拥塞窗口的调节机制出现了较大的问题。

首先，网络拥塞不能再用丢包来判断。在无线网络中，由于信号衰减和干扰的影响，链路质量并不稳定。当链路质量较差时，数据包会在无线传输的过程中失败，因此丢包原因不再是单纯的由于拥塞导致的缓冲区溢出。针对这一问题，早期无线网络中的 TCP 改进的工作主要研究拥塞丢包与链路丢包的区分，并根据这些区分结果采用不同的窗口调节方式[10,16,120]。

其次，在多跳无线网络中，链路质量的不稳定也会导致网络传输路径的频繁改变，并且传输路径重新建立的过程往往需要较长的时间。在传统 TCP 下，这种网络路径的改变会使拥塞窗口降低到零，然后再以很慢的方式恢复到合适的窗口值，与此同时也会导致大量数据包的重复发送，造成网络资源的浪费。针对这一问题，学术界提出了多种 TCP 的改进方法，包括 TCP-F[27]，TCP-ELFN[54]，TCP-Bus[73]，ATCP[81] 和 EPLN/BEAD[138] 等。这些方法的主要思路是在网络路径变化的过程中暂时冻结 TCP 的速率控制过程，不同之处在于网络路径变化的检测方法以及冻结窗口方式的技术细节。例如，在颇具代表性的 TCP-ELFN 中，中间节点通过数据交互显式地通知 TCP 源节点相关的网络路径改变信息，然后源节点的 TCP 进入暂停等待状态，同时源节点周期性发送路由探测数据以判断网络路径的状态，当网络路径重新建立后，TCP 恢复到暂停前的速率控制状态。

最后，在多跳无线网络中的传输媒介无线信道是共享的，不共用任何节点的数据流间也可能共享同一无线信道，在一个节点上产生拥塞时，其干扰范围内的节点都会受到影响，因此无线网络中的拥塞问题是一个区域拥塞问题，而不再是传统的节点拥塞问题[104]。对于一条链路 l_{ij}，其拥塞区域 $L_{i->j}$ 定义为 l_{ij} 干扰范围内所有链路的集合。

针对区域拥塞这一无线网络特点，国内外研究人员提出了很多方案包括 LRED[40]，NRED[135]，COPAS[24]，CAR[139]，Alleviating self-contention[69]，OPET[18]，RE-TFRC[145]，WCP[104] 等。这些方案的基本思路是：既然无线网络中的拥塞为区域拥塞，那么拥塞问题应该由流经拥塞区域所有的数据流共同解决。具体来讲，当某个链路 l_{ij} 发生了拥塞（拥塞的判断依据可为该链路的队列长度），该节点应当将拥塞信息共享给 $L_{i->j}$ 中所有的链路（在 $L_{i->j}$ 中，可能有节点只是处于侦听范围而不在传输范围之内，其解决方案是采用较低的物理速率对拥塞信息进行更可靠的传输）。所有流经拥塞区域 $L_{i->j}$ 的数据包中都被打上拥塞标识，该拥塞信息将最终被反馈给发送端。发送端采取适当的速率控制机制减少发包速率，解决拥塞问题。然而，如何设计恰当的速率控制机制，是解决区域拥塞的关键所在。TCP 面临拥塞时，一般采用的措施是将发包速率减半，然而已经有研究工作表明，这种简单的措施并不适用于多跳无线网络[104]。目前研究工作的最近进展是计算出拥塞区域的可用吞吐量，然后通知源节点以更精确的方式进行速率控制。例如，在最具代表性的方案 WCP[104] 中，首先计算整个拥塞区域 $L_{i->j}$ 中各条链路的可达速率集合。对于无线网络来说，一条业务流的最大传输速率是由其流经的所有链路可达速率的最小值决定的。在新的拥塞控制机制中，中间节点根据计算结果给出可达速率反馈给发送端，为发送端确定合适的数据发送速率提供直接的依据。WCP 根据干扰对吞吐量约束的建模分析和速率控制的建模分析，计算出拥塞区域 $L_{i->j}$ 中每条链路的可达速率，进而确定拥塞区域的最大可达速率，并基于此进行了合适的区域拥塞速率调节。

总的来说，上述工作都可以解决 TCP 在多跳无线网络新特性下（链路质量时变、网络路径频繁变动、区域拥塞）面临的问题，从而提高网络总体吞吐量，同时保持了较小的网络延迟。

2.2.2　路由层的研究

在多跳无线网络中，拓扑复杂性、带宽有限性、链路间的互相干扰都给路由层的研究提出了很多的挑战。学术界针对这些问题，展开了广泛的研究，提出了多种新的路由方案。下面，我们把这些方案分成不同的类别分别阐述。

第一类的路由方案为先应式路由或主动式路由，包括 DSDV[98]，WRP[116]，OLSR[25] 等。这类路由和有线网络中的路由方式比较相近，都是不管有无通信需求，都要通过预先的路由信息交互来建立任意两个节点间的路由。然而，在多跳无线网络中，这类方案的路由建立和更新过程开销很大，路由状态短期内不易收敛，可能导致路由错误。

第二类的路由方案称作反应式路由或按需路由，包括 DSR、AODV 等。这类方案仅在某个源节点需要发送数据时，才在源节点和目的节点间创建路由。这种方法只需要在数据发送过程中维护该路由，因而开销较小。然而，其一个显然的缺点也是每次通信都需要临时建立路由，相应地，上层应用在通信初始阶段会存在暂时的迟滞。

第三类的研究结合了网络拓扑或节点位置、移动特征等一些信息，提出了层次路由和基于地理信息的路由方案。层次路由[137,9,118] 的基本思路是把节点划分为不同的簇，并在簇内和簇间的不同场景下使用不同的路由技术。层次化路由能够减少路由信息交互的总量和频率，从而降低路由开销。同时，这种分簇能够形成相对稳定的子网络，因此其扩展性比较好。基于地理信息的路由[37] 主要通过引入 GPS 信息来实现定向路由，能够有效缩短路由距离，提高路由性能。

此外，当前路由协议研究发展的一个趋势是普适路由协议的研究。在未来的多跳无线网络中，类型繁多的移动设备所组成的网络结构非常复杂，包括网络拓扑较为稳定的无线

Mesh 网络，拓扑经常处于变化中的移动 Ad Hoc 网络以及网络连接性极差的 DTN 网络。对于各类不同的无线网络环境，其适用的路由策略也大为不同。研究表明，即使是同一个网络，随着节点的移动轨迹的改变，也会呈现不同的网络特性。而当前的路由机制主要针对单一网络场景设计，缺乏普适性，如 Ad Hoc 下的路由机制仅适用于 Ad Hoc 网络场景，运行于其他网络环境时性能较差。针对这个问题，近期的一个研究工作[124]提出了一个模型来分析各种路由方式的适用范围，并基于分析结果提出一个能够在多种不同类型的多跳无线网络适用的自适应路由方案。

最后，路由层的研究还包含了对路由判据的研究。在有线网络中，一般采用路径的长短来衡量一跳网络路径的质量，然而，在多跳无线网络环境下，最短路径不一定是最佳路径，因为这个最短路径上的链路质量可能非常差，从而其传输的吞吐量、延迟会可能不如一条更长的网络路径。基于此，学术界提出了一些替代最短路路由的路由判据，其中最典型的是路由判据是最少传输次数 ETX[19]。实验表明，最少传输次数要远优于最短路径，因此其也得到了广泛的应用。

2.2.3 调度层的研究

调度层决定数据包在链路上的传输时机，解决链路争用以避免传输冲突。实际上，调度层决定了每条链路所能使用的带宽。一个好的调度机制应该考虑到每条链路的负载状况，为链路分配适量的公平的带宽。在多跳无线网络中，目前广泛使用的调度层机制为 IEEE 802.11 DCF。在对称无线网络(如单小区 WLAN)中，IEEE 802.11 DCF 能够有效地解决网络中的链路争用，在链路间公平地分配带宽。然而，随着多跳无线网络的发展，网络拓扑具有了非对称性的特点。所谓非对称，指的是在同一干扰范围内的链路所见的网络状态信息并不相同，在后文的拓扑分类中有进一步的介绍。很多研究表明，在非对称拓扑下，IEEE 802.11 DCF 会失效，继而使网络节点间的吞吐量呈现极度不公平的情况[40,42,57,68,115,79]。下面通过如图 2.1 所示的典型例子描述在 IEEE 802.11 DCF 下，多跳无线网络中的不公平性问题。

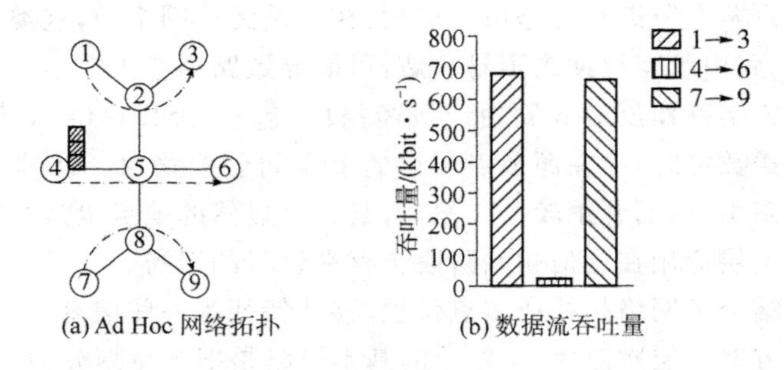

图 2.1　网络不公平性示意图

图 2.1(a)所示是一个简单的 Ad Hoc 网络拓扑，有九个节点，有连接的节点互相在通信范围之内；存在三个 TCP 数据流，分别是 1→3、4→6、7→9。图 2.1(b)所示为三个数据流的吞吐量，数据流 4→6 在另外两个数据流的干扰影响下吞吐量几乎为 0。这就是无线网络中著名的 FIM(Flow in Middle)的问题。在 FIM 这种网络环境下，由于 IEEE 802.11 DCF 的

载波侦听和冲突避免的机制(CSMA/CA, Carrier Sense Multiple Access/Collision Avoidance),中间的 4→6 这个网络流需要在 1→3 和 7→9 这两个网络流都不在传输状态的时候,才能传输数据。而 1→3 和 7→9 这两个网络流互相不能侦听到对方是否正在传输,并且在 IEEE 802.11 DCF 的默认参数下,这两个网络流的退避窗口也比较小,因此在绝大部分的时间内,这两个流至少有一个处于传输状态,造成了 4→6 这个网络流的传输机会非常少,结果就使其吞吐量几乎为 0。而在对称网络中,每个节点都能侦听到其他节点的传输状态,也就不会出现上述问题。

从以上过程可见,非对称的网络拓扑导致 IEEE 802.11 DCF 资源分配机制的失效,这种失效使 IEEE 802.11 DCF 在默认参数设置下不能正确地在节点间分配网络带宽,从而造成了吞吐量的不公平。在 IEEE 802.11 DCF 的框架下解决这样的问题,需要一个能够在各种参数下计算节点吞吐量的 IEEE 802.11 DCF 分析模型,通过这种模型求得能让网络达到公平的合适的 IEEE 802.11 DCF 参数[44,45,57]。在 IEEE 802.11 DCF 建模分析的研究方面,大部分的研究工作都局限于对称网络下的建模分析。而在非对称拓扑下,节点感受的网络状态互不相同,这给非对称拓扑下 IEEE 802.11 DCF 的建模带来了更大的挑战。接下来将综述非对称拓扑下的 IEEE 802.11 DCF 的建模工作。由于非对称拓扑下的 IEEE 802.11 DCF 建模分析是传承于对称拓扑下的建模分析,因此下面我们首先阐述对称拓扑下的建模工作。

1. 对称拓扑下 IEEE 802.11 DCF 建模

在理想的 WLAN 环境中,所有无线节点间的通信都通过 AP(Access Point)转发,结合 IEEE 802.11 的 RTS/CTS 握手机制,可以认为无线节点都处于同一传输范围,构成了一个所有节点都处于对等地位的对称网络。在这种网络条件下,学术界对 IEEE 802.11 DCF 的建模工作进行了广泛的研究,产生了较多的研究工作。然而由于 IEEE 802.11DCF 的退避机制过于复杂,前期的研究工作[12、23、49、117]都对 IEEE 802.11 DCF 的退避机制进行了较大的简化。比如在参考文献[23、49、117]中假设了退避窗口是呈几何分布的,而在参考文献[12]中分析了只能有两次退避的场景。由于这些局限性,这些模型工作的预测结果与 IEEE 802.11 的实际行为有较大差异[8]。因此,严格来说,这些工作都不是对 IEEE 802.11 DCF 机制的精确建模。

1) IEEE 802.11 DCF 的第一个精确模型

Bianchi 的工作[8]是第一个对 IEEE 802.11 DCF 进行精确建模的工作。参考文献[8]首先认识到 IEEE 802.11 DCF 建模的困难性在于网络节点进行资源分配协调时的复杂交互作用。在基于 CSMA 的 IEEE 802.11 DCF 中,每个节点都要根据其邻居节点的传输状态来确定自己的传输状态,这样一来,所有节点的状态都耦合在一起,使理论分析的复杂度非常高。为了对 IEEE 802.11 DCF 进行模型化的分析,参考文献[8]提出了一种解耦合假设(Decoupling Approximation)来分离节点间的复杂交互作用。在解耦合假设中,不论邻居节点的传输状态如何,也无论节点目前的退避窗口为多少,都假设节点传输的丢包率是一个均匀分布。在这个解耦合假设的条件下,在参考文献[8]中提出了第一个 IEEE 802.11 DCF 分析模型。该分析模型的主体为一个马尔科夫链,每个马尔科夫链的状态用两个变量表示:第一个变量表示节点当前的退避次数;第二个变量表示节点剩余的退避时间,节点的碰撞概率设为 p。比如$\{i-1,0\}$的状态表示节点此刻处于第 $i-1$ 次退避的最后时刻,并准备传输数据包。在传输失败(概率为 p)的情况下,节点的退避次数要加 1,退避次数

变为 i，而对应退避次数 i 的退避窗口为 W_i，节点的退避时间将从[0,W_i-1]中任意选择，即对于一个 $j\in[0,W_i-1]$，节点从{$i-1$,0}的状态跳转到{i,j}的概率为$\frac{p}{W_i}$。另外，{$i-1$,0}状态下传输成功的概率为 $1-p$，与上述推理类似的，可以知道其到达{0,j}($j\in[0,W_0-1]$)的概率为$\frac{1-p}{W_0}$。

通过以上方法，可以得到该马尔科夫链的一阶跳转概率。有了跳转概率，经过简单的分析，参考文献[8]给出了节点发包率 τ 和丢包率 p 的计算公式：

$$\tau=\frac{2(1-2p)}{(1-2p)(W+1)+pW[1-(2p)^m]} \tag{2.1}$$

$$p=(1-\tau)^{n-1} \tag{2.2}$$

式中，W 为节点的初始退避窗口；m 是最大退避阶数；n 是网络中节点个数。通过方程式(2.1)和式(2.2)的联立，可以计算出节点发包率 τ 和丢包率 p，接下来，可以通过以下公式计算节点的吞吐量：

$$T=\frac{\tau(1-p)L}{\tau(1-p)T_s+\tau pT_c+(1-\tau)\sigma} \tag{2.3}$$

式中，L 是数据包大小；T_s 为成功传输所需的时间；T_c 是一个包碰撞所耗费的时间；σ 是 IEEE 802.11 中的时间槽长度。以上即为参考文献[8]在对称网络下 IEEE 802.11 DCF 的建模过程。

2) 基于不动点的模型推广

以上内容给出了第一个 IEEE 802.11 DCF 的实用模型，并通过大量仿真验证了该模型的有效性。然而参考文献[8]的模型推导过程比较烦琐，并且只是在 IEEE 802.11 本身的退避机制下进行，不容易扩展到其他不同类型的退避机制。因此，参考文献[67]的工作基于不动点理论，对上述模型进行了简化和扩展的处理。参考文献[67]基于解耦合假设，提出了能更简单地描述资源访问控制的不动点方程。相比于参考文献[8]的模型，该不动点方程能够描述更多退避机制下的网络行为，进而预测吞吐量。接着，参考文献[67]对该不动点方程的性质进行了理论分析，建立了使不动点方程存在唯一解(也就是说，系统行为能够趋于稳定)的判定条件。基于这个不动点模型可以对不同的退避机制进行性能评价，比如参考文献[67]就发现，退避窗口的更新模式(以指数 2 退避还是以指数 3 退避)对于网络行为具有至关重要的影响。最后，基于这个不动点方程模型，参考文献[67]分析了网络的性能状况。参考文献[67]的分析指出，具有最低传输速率的节点将会在很大程度上影响整个网络的吞吐量，这个分析结论也和试验中实际观察到的现象高度吻合。

接下来，参考文献[105]的工作基于不动点模型，对资源访问控制的建模进行了更深入的扩展。在参考文献[8]和参考文献[67]以及之前的工作中，都是假设节点是同质的(Homogeneous)，也就是假设每个节点都有同样的退避规则(例如，碰撞之后节点都以指数 2 的方式增长退避窗口，节点传输状态的转换时间都相同)。这篇文章考虑了节点不同质的网络，例如允许有些节点以指数 2 的方式增长退避窗口，而另外一些节点以指数 3 的方式增长退避窗口。参考文献[105]的工作主要关注这种存在不同质节点的网络吞吐量的建模分析。通过对上述不动点模型的扩展和分析，参考文献[105]发现，即使不动点方程值存在一个平衡的不动点矢量解(balanced solution，在这种解矢量中，每一个分量都相同)，方程也有可能存在多个不平衡的不动点解。并且参考文献[105]发现，当不平衡的不动点解存在时，整个网络的行为趋于不稳定。实验发现，不同网络流的吞吐量将出现严重的短期不公平性。更重要的是，这时，平衡的不动点解将无法正确描述网络性能。接下来，参考文献[105]建立了一个使同质网络和不同质网络的不动点方程只有一个解的充分条件。

在这些基于不动点理论的工作(参考文献[67,105])中，都关注了不动点方程的解的存在性、唯一性以及平衡解的问题，对于如何求得这些解，并没有太多的关注。参考文献[144]的工作关注如何快速、准确地求解不动点方程，该工作研究不动点返程迭代收敛的性质，然后利用这些性质来快速地计算不动点方程的解。具体来说，参考文献[144]首先发现当采用迭代式的方法来求解不动点方程式，在一些条件下可能会出现迭代过程不收敛，而在两个点(称之为周期点)间振动的情形。接下来，参考文献[144]发现周期点的平均值与不动点的值非常接近。基于以上发现，参考文献[114]提出了一个EFPI的算法来计算不动点方程的解。仿真结果表明，EFPI能快速、准确地计算出不动点模型的解，进而可以快速、准确地计算网络吞吐量。

3) 解耦合假设的证明

在之前阐述的IEEE 802.11 DCF的工作中，都采用了解耦合的假设。相应的实验和仿真结果表明，在这种假设下所提的模型在网络性能方面的预测相当准确。但是，人们通常希望能够了解这种假设成立的原因。参考文献[114]的工作解决了这个问题。具体来说，参考文献[114]提出了一个新的模型来描述IEEE 802.11 DCF下的网络行为。参考文献[114]最主要的发现在于：当网络中节点数目比较多时，节点退避状态所对应的马尔科夫链随着时间演进，会趋向于一些特定的状态。在这些特定的状态下，我们可以计算任何一个节点的丢包分布。参考文献[114]对比这种丢包率分布和解耦合假设，发现两者相当吻合，因此也就从理论说明了解耦合假设在对称网络下的合理性。

综上所述，在对称网络中存在很多基于解耦合假设的IEEE 802.11 DCF的建模工作。然而这些工作针对的网络环境都是单小区(Single-cell)的WLAN。在单小区WLAN中，所有节点都在同一个传输范围内，因此所有节点感受到的网络状态是相同的，也就是说，网络拓扑是对称的。与此相反的是，在多跳无线网络中，由于非对称拓扑的影响，节点感受的网络状态互不相同。这样，非对称拓扑就给IEEE 802.11 DCF的建模带来了更大的挑战。

2. 非对称拓扑下的IEEE 802.11 DCF建模

在非对称网络拓扑下资源访问控制的建模，学术界也有一些工作。参考文献[102]基于排队论理论，建立了多跳无线网络中资源访问控制的排队论模型。但是，这些工作都对IEEE 802.11 DCF的协议行为做了过于简化处理，因此这些分析不能很好地符合IEEE 802.11 DCF下的网络性能。除此之外，上述工作都采用了理想的射频信号衰减假设，常见的假设包括：信号衰减仅仅与距离有关、干扰范围是传输范围的两倍、信号传播范围为圆形，并假设干扰具有二值性。参考文献[72,51,106]基于更实际的假设进行干扰方面的研究，引入服从对数正态分布的阴影衰落模型，但同时也做了理想的信号传播、信道对称等与实际不符的假设。然而，从实际无线网络中得到的数据显示这些假设较不符合实际，基于理想射频假设的模型分析难以获得实际应用。

针对以上问题，另外一部分的工作关注网络真实干扰下的资源访问控制建模。参考文献[107]首次提出了无线网络的干扰测量方法，它轮流地让网络中每个节点发送广播数据包，同时其他节点记录接收到的信号强度，根据这些信息计算节点间的干扰关系。然而，这种方法对网络环境的要求较高，在进行干扰测量的时候需要停止网络的正常使用，具有较大的不便利性。为了解决这个问题，参考文献[2]提出了一种叫作 Micro-probing 的不影响网络正常工作的在线(Online)干扰测量方法。在获得网络真实干扰状况后，参考文献[68,79,107]等先后提出了结合真实干扰状况的 MAC 模型。然而这些模型的关注点在于如何结合真实干扰，对于 IEEE 802.11 DCF 的复杂机制往往没有考虑。这些工作中都只分析了广播包的情形，对于单播传输中的二进制退避等机制都没有进行精确的模型化分析。更重要的是，在这些工作中，只要节点不处于同一个传输范围内，就统称为非对称拓扑。而实际上，非对称拓扑根据具体的节点相对位置关系可以分为多种类型，有些类别并不会产生网络吞吐量的长期不公平性。因此，需要对非对称的网络拓扑进行更细致的分类，在此基础上更进一步地研究非对称拓扑下的 IEEE 802.11 DCF 的建模工作。

1） 非对称拓扑分类

为了更好地分析多跳无线网络中的资源访问控制，Knightly 等在参考文献[44]中把一个多跳无线网络拓扑划分为多个子拓扑，然后基于这些子拓扑的拓扑特性，把这些子拓扑归结到三种拓扑类别。具体来说，参考文献[44]把四个节点、两个网络流的所有可能的拓扑根据节点的相对位置关系分成了 12 种。如图 2.2 所示，四个节点分别用 A,a,B,b 表示，两个网络流分别为 A→a 和 B→b。经过分析，参考文献[44]把这 12 种拓扑分成了三个类别，分别如下。

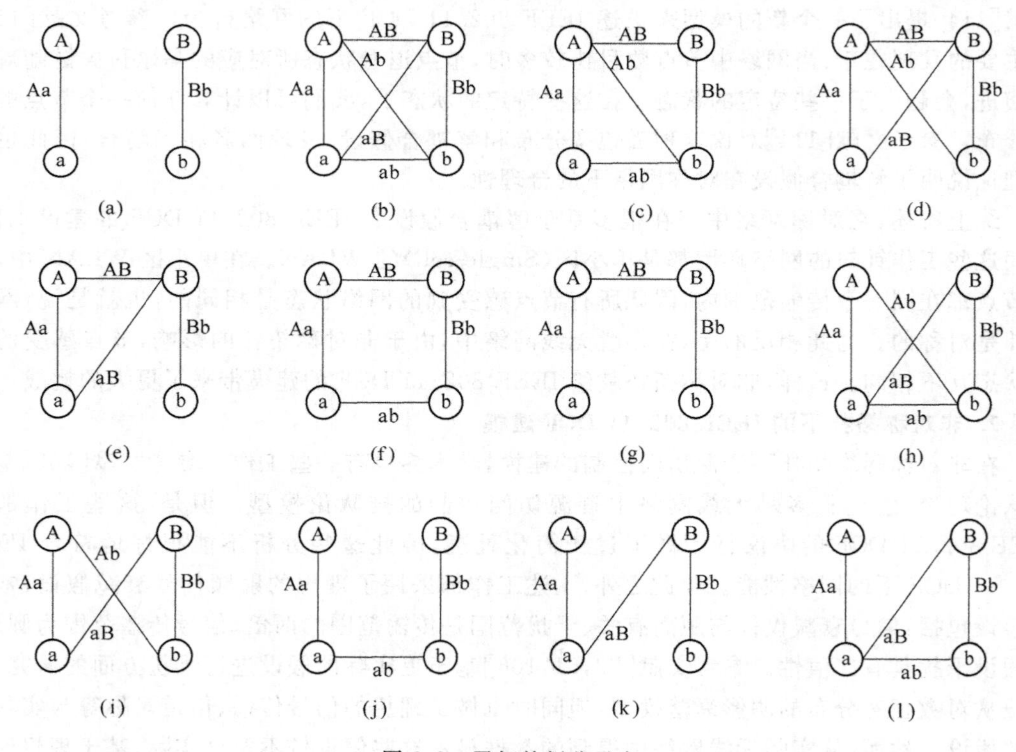

图 2.2 子拓扑划分示意

(1) SC 拓扑(Sender Connected)：在这种拓扑下，两个发送节点 A 和 B 互相在传输范围内。这种情况如图 2.2 所示中的(b)、(c)、(d)、(e)、(f)、(g)六种拓扑。

(2) SIS 拓扑(Symmetric Incomplete State)：在这种拓扑下，两个发送节点 A 和 B 间不

存在链路，但 A，b 或者 B，a 之间存在链接或者都不存在链接。此时，A 和 B 都对称地具有不完整的状态信息，因此称之为对称不完整的拓扑类别，这种类别如图 2.2 所示中的（h）、（i）、（j）三种拓扑。

（3）AIS 拓扑（Asymmetric Incomplete State）：在这种拓扑下，两个发送节点 A 和 B 之间不存在链路，并且 A，b 和 B，a 之间只能存在一条链路。这里，A 和 B 具有不完整的链路信息，并且 A 和 B 的信息并不对称，因此称之为不对称不完整的拓扑类别。这种类别如图 2.2 所示中的（k）、（l）三种拓扑。

参考文献[44]的研究表明：在 SC 拓扑不存在公平性问题；SIS 拓扑存在短期不公平性问题，但长期来看，网络流间的吞吐量也是公平的；问题最为严重的是 AIS 拓扑，AIS 拓扑下网络流间的吞吐量无论是从短期还是长期来看，都存在严重的不公平性问题。可见，不对称网络对资源访问控制的影响最终可以归结到 AIS 这种特别的不对称网络拓扑类型。因此，解决多跳无线网络中网络流间不公平性问题的关键在于理解并解决 AIS 拓扑下的不公平性问题。

2）典型非对称 AIS 拓扑下的 P-Model

在参考文献[44]中，针对 AIS 拓扑提出了一种叫作 P-Model 的模型。下面对 P-Model 进行简单阐述。首先回顾一下对称网络中的模型建立过程：在对称网络下，每个节点感受的网络状态都相同，因此参考文献[8]中每个节点都具有相同的节点发包概率 τ 与碰撞率 p，并通过式（2.1）和式（2.2）的联立能求得这两个重要变量，进而求出整个网络的容量和每个节点的吞吐量。

然而在非对称网络拓扑 AIS 中，节点感受到不对称的信道状况，形成信息不对称网络。以图 2.2 的 AIS 拓扑为例，由于 A 在 B 和 b 的侦听范围外，当 B 在传输时，A 不能侦听到信道忙的状态，所以 A 很可能在 B 传输过程中发送数据，以致 A 频繁出现发送失败；而 B 在 a 的侦听范围之内，可以了解信道的忙闲状态，进行正确的避让。显然，A 的传输失败率会大于 B 的传输失败率。

鉴于上述原因，参考文献[44]采用了基于单个节点的建模方法，不再假设每个节点能掌握整个信道的情况，从而适应干扰环境造成的非对称网络情形。对每个节点，在发包概率 τ 与碰撞概率 p 之外，引入一个新的变量 b，代表节点侦听发现链路忙的概率。则节点的发包成功概率 Π_s、失败概率 Π_c、空闲概率 Π_σ 和信道忙概率 Π_b 分别为

$$\Pi_s=\tau(1-p) \tag{2.4}$$

$$\Pi_c=\tau p \tag{2.5}$$

$$\Pi_\sigma=(1-\tau)(1-b) \tag{2.6}$$

$$\Pi_b=(1-\tau)b \tag{2.7}$$

这样一来，问题的关键在于如何确定包概率 τ、碰撞概率 p 和信道忙概率 b。到目前为止，参考文献[44]的技术路线都是正确的。

然而在计算这些重要参数的过程中，参考文献[44]沿用了对称网络 DCF 建模所采用的解耦合假设，并且又提出了一个传输时间均匀分布的假设。虽然这些假设在对称网络下是成立的，但在 AIS 拓扑下并不成立。详细的分析请见本书第 3 章的 3.3 节。由于这个原因，参考文献[44]所提的 P-Model 只是在默认参数下有效，并不通用，于是也不能作为优化调整的基础。

3. IEEE 802.11 DCF优化的相关研究

为了解决多跳无线网络下的吞吐量不公平性问题，学术界提出了多种方法。按照参考文献[57]中的分类方法，可以把这些工作分成基于侦听的方法[17,48,30,126,108]和非基于侦听的方法[26,136,57]。

(1)在基于侦听的方法中，节点持续不断地搜集自己和邻居节点的相关信息，比如数据发送速率、调度时间以及数据包队列状况。基于这些搜集的信息，节点使用不同的调整方式，以改变自己和邻居节点的吞吐量。比如在参考文献[17,48,30]中，当一个链路上的数据速率高于(低于)周围竞争链路的平均速率时，该链路的发送节点就相应地增加(减小)其退避窗口，从而对速率进行相应的调整；在参考文献[126]中，节点通过调度令牌的流通来实现线性次序的数据包发送；在参考文献[108]中，节点间通过虚拟的时分多接入(TDMA)的手段来调节节点间的链路争用。然而基于侦听类方法的严重问题在于，这些方法都假设一个节点可以侦听到其邻居节点的传输信息并与其邻居节点进行交互。而实际上，由于网络中的传输距离和干扰距离并不相等，导致虽然一个邻居能对某一节点的传输造成影响，但这个节点却不能侦听到该邻居节点上的传输，造成这类方法的失效。

(2)非基于侦听的方法包括参考文献[26,136,57]，这类方法大多采用TCP机制中的AIMD(Additive Increase Multiple Decrease)的方法来调节节点的数据传输速率。然而，AIMD虽然被证明能够实现TCP的公平性，但在无线网络中，由于拓扑位置的不同，不同的节点感受到的链路忙闲程度是不一样的，那么直接通过AIMD方式调节传输率的工作[26,136]也会失效。参考文献[57]提出了一种称之为“蜂鸣”的方法来实现节点间忙闲状态的同步。比如，当一个节点的链路状态极度忙碌(该节点的数据队列很长，得不到发送机会)时，它就会连续发送一串的数据，造成“蜂鸣”的效果。其邻居节点听到蜂鸣后，会同步地进行AIMD控制。显然，参考文献[57]的蜂鸣会造成一些网络资源上的开销，更重要的是，这种方法也是一种基于启发式的想法，不能帮助我们定量理解非对称网络对资源访问控制的影响。

综上所述，在多跳无线网络中，非对称网络拓扑的存在使得当前资源访问控制IEEE 802.11 DCF失效，从而造成了网络吞吐量不公平的问题。在IEEE 802.11 DCF的框架下解决这样的问题，需要一个能够计算在各种参数下节点吞吐量的IEEE 802.11 DCF分析模型，通过这种模型求得能让网络达到公平的合适IEEE 802.11 DCF参数。在IEEE 802.11 DCF建模分析的研究方面，大部分的研究工作都局限于对称网络下的建模分析[8,67,105]。虽然目前也有一些工作对非对称拓扑下的IEEE 802.11 DCF进行建模分析，但这些模型并没有对非对称拓扑本身以及非对称拓扑是如何定量地影响网络吞吐量这些问题进行研究，因而这些模型只能在默认参数下有效，不能作为资源访问控制优化调整的基础。

2.3 数据传输跨层控制

2.3.1 跨层控制的理论基础

在上述分层控制的研究中，各个网络层次的控制是分开单独研究的，比如MAC层的IEEE 802.11 DCF研究在给定网络负载的条件下如何分配每条链路的可用带宽，而传输层的 TCP 研究如何控制进入网络的数据量，使网络不至拥塞。这些层次间不存在协调控制。

近年来，学术界出现了另一类研究即数据传输的跨层控制研究。之所以出现跨层控制的研究，是因为学术界的研究逐渐认识到：要实现网络资源的最优利用，各个网络控制层次之间必须要进行跨层的协作。跨层控制的主要思路是从理论出发，把数据传输控制形式化为一个有约束条件的最优化问题，其中目标函数为网络效用（包括吞吐量和公平性），约束函数为网络资源约束条件，如下所示：

$$\max_{x,\pi,R\geqslant 0}\sum_f w_f \log(x_f) \tag{2.8}$$

$$R^d_{\text{in}(i)} + \sum_{f:b(f)=i,e(f)=d} x_f \leqslant R^d_{\text{out}(i)} \quad \text{任意的 nodesi}, d\neq i \tag{2.9}$$

$$R^d_{\text{in}(i)} = \sum_j R^d_{ji} \quad \text{任意的 } i,j,d\neq i \tag{2.10}$$

$$R^d_{\text{out}(i)} = \sum_j R^d_{ij} \quad \text{任意的 } i,j,d\neq i \tag{2.11}$$

$$\sum_d R^d_{ij} = R_{ij} \quad \text{任意的 } i,j,d\neq i \tag{2.12}$$

$$R_{ij} = \sum_{m:(i,j)\in A_m} \pi_m \quad \text{任意的 } i,j \tag{2.13}$$

$$\sum_{m=1}^{M}\pi_m = 1 \tag{2.14}$$

式中，x_f 表示网络流 f 的吞吐量。目标函数式(2.8)体现了整个网络的网络效用；$R^d_{\text{in}(i)}$ 表示从邻居节点进入节点 i 且目的地为 d 的流量大小；与此对应的 $R^d_{\text{out}(i)}$ 表示从节点 i 流出的目的地为 d 的流量大小。容易看出，式(2.9)体现了一个节点上的流量守恒约束条件。式(2.10)～式(2.12)属于辅助定义，分别给出了 $R^d_{\text{in}(i)}$ 和 $R^d_{\text{out}(i)}$ 的计算方法。式(2.13)和式(2.14)体现了干扰约束和带宽限制，在这里，π_m 代表 m 这个可行链路集合的活跃时间比，而链路 (i,j) 的实际可使用的带宽即可以用式(2.13)计算出来。式(2.14)表明所有可行链路集合的活跃时间比的总和为 1。

通过优化理论中的主-对偶方法（Primal-Dual method），如果为式(2.9)中引入对偶变量 p_{id}，那么在给定一组对偶变量时，上述优化问题可变为

$$\max_{x,\pi,R\geqslant 0}\sum_f w_f\log(x_f) - \sum_i\sum_{d\neq i} p_{\text{id}}\Big(R^d_{\text{in}(i)} + \sum_{f:b(f)=d} x_f - R^d_{\text{out}(i)}\Big) \tag{2.15}$$

对式(2.15)进行等价变形，可以得到：

$$\max_{x\geqslant 0}\Big[\sum_f w_f\log(x_f) - \sum_f p_{\text{ib}(f)}x_f\Big] + \max_{\pi,R\geqslant 0}\Big[\sum_i\sum_{d\neq i} p_{\text{id}}\big(R^d_{\text{out}(i)} - R^d_{\text{in}(i)}\big)\Big] \tag{2.16}$$

和网络实际控制对应起来，可以发现式(2.16)的左半部分即可解释为网络中的速率控制，即根据下面的公式确定网络流 f 进入网络的速率 x_f：

$$\max_{x\geqslant 0}\Big[\sum_f w_f \log(x_f) - \sum_f p_{\text{ib}(f)}x_f\Big] \tag{2.17}$$

同理，对式(2.16)的右半部分进行适当的变形，也可以得到网络的路由、调度的联合控制公式，为

$$\max_m \sum_{(i,k)\in A_m} \max_d (p_{\text{id}} - p_{\text{kd}}) \tag{2.18}$$

上述推导都是在对偶变量 p_{id} 给定的前提下进行，下面使用次梯度迭代方法求最优对偶

解，即可得到：

$$p_{\mathrm{id}}(t)=\Big(\sum_{f:b(f)=i,e(f)=d} x_f(t)+R^d_{\mathrm{in}(i)}(t)-R^d_{\mathrm{out}(i)}(t)\Big)^+ \tag{2.19}$$

观察式(2.19)可以发现，其实它对应了网络节点上队列的演化过程，结合式(2.17)和式(2.18)会发现，采用速率控制、路由和调度联合算法时，整个网络运行的过程实际上就是解网络最优化问题[式(2.8)]的过程。以上即为跨层数据传输控制的理论基础[122]。

通过上述优化问题的建模和求解过程，可以得到跨层控制算法，并可证明跨层控制算法能够达成某种最优的网络指标(比如，网络总体的吞吐量和公平性等)。之所以称这些算法是跨层的，是因为在这些算法中，传输层注入网络的数据速率是根据网络流发起节点上的队列长度决定，而路由层的路径选择和调度层的链路选择也是根据各个网络节点的队列长度决定，这样，各个控制层次之间就通过节点上的队列长度耦合到了一起。

从参考文献[123]中的经典工作开始，跨层控制已经得到广泛的关注和研究。其中早期的工作[82,94]扩展了参考文献[123]中的最优路由和调度联合算法(该最优算法能支持最大的网络容量空间)，提出了联合速率控制、路由和调度的跨层控制算法，并证明该算法能达到最优的网络效用(根据定义，网络效用能体现吞吐量和公平性的双重优化)。近期的研究工作大多集中于解决跨层控制的计算复杂性问题[60,74,78]、分布式实现问题[87,34,112,133,62,80,64]、延迟性分析与改进问题[46,47,141,53,15,94,43,77,56,127,50]以及在实际网络中的实证问题[103,130]。下面分别阐述这几个方面的研究现状。

1. 跨层控制计算复杂性研究

在跨层控制中，一个问题是在每次调度时，计算可行链路集合的计算复杂度是非常高的。跨层控制中可行链路集合的计算实质上是一个最大权重独立集(Maximum Weighted Matching，MWM)的计算，而最大权重独立集的计算量为$O(2^L)$，其中L为网络中的链路数目。针对这个问题，学术界也提出了很多简化的跨层算法[60,74,78]。比如，参考文献[60]对一种有代表性的贪心跨层算法(GMS)进行了深入的研究。GMS的思路大致如下：在每个调度时槽的开始，选择一个具有最大队列长度的链路，这里用l表示；然后把所有与链路l干扰的链路从备选链路集中删掉。这个过程持续地进行，直到备选链路集合到空为止。参考文献[60]中的研究表明，在一些特定的干扰模型(比如K-hop干扰模型)和特定网络拓扑下(树状拓扑)，GMS可以达到最大的网络容量空间；而在一般的网络条件下，GMS的容量空间与最大网络容量空间的比为$\frac{1}{6}:\frac{1}{3}$。参考文献[74,78]对GMS的性能界限进行了进一步的研究。

2. 分布式跨层控制研究

在降低跨层控制计算复杂性的同时，学术界也在积极探索分布式的跨层控制设计[87,34,112,133,62,80,64]。其中，参考文献[87]提出了一个基于流言传播模式的分布式算法，并证明该算法能达到最大网络容量空间。然而，该算法只能在一跳干扰(node-exclusive model)模型下有效[34]。参考文献[34]提出了一个具有常数级别的开销且能在一跳干扰模型下达到最大网络容量空间的算法。参考文献[62]结合IEEE 802.11 CSMA的思路，提出了一种随机的算法。在这个算法中，每个节点根据自身和邻居节点的队列长度确定其数据包发送的退避窗口，并在退避窗口内根据一定的概率分布选择每次的退避时间。研究结果表明，这种算法的效率(即能达到的容量空间与最大容量空间的比值)与网络的干扰度成反比。参考文献[64]的工作是分布式跨层控制的一个最新进展。作者提出了能够达到网络最大容量空间和网络效用的分布式跨层控制算法。然而,研究同时也发现,在分布式跨层控制下,网络延迟更趋增大,进一步加重了跨层控制的大延迟问题。

3. 跨层控制的延迟性能研究

近年来,数据传输跨层控制研究的一个热点是跨层控制的延迟分析与改进。越来越多的研究发现,现有的跨层控制算法的端到端延迟非常大。针对这个问题,学术界对此进行了很多的研究。

网络延迟的模型化分析长期以来一直是一个相当困难的问题。众所周知,在排队论中,单个节点的队列分析技术已经比较成熟,但这些技术通常无法有效地扩展到由多个节点组成的排队网络的延迟分析。排队网络的延迟分析只在一些特定的场景下(比如在 product-form queuing networks)才存在准确的、闭合形式的解。此外,在跨层控制中,具体的速率控制、路由和调度机制都和网络中的实时队列情况、无线链路间的干扰关系耦合到一起,更增加了延迟分析的复杂性。

由于这些因素的影响,目前的跨层控制延迟分析模型只能采用一些简化的、近似的延迟估计方法。其中,参考文献在高负载的假设下分析了网络延迟,参考文献[93]基于 Lyapunov drift 给出了跨层控制的延迟界限,分析了给定队列长度下的队列溢出概率,从而间接地估计了网络延迟。然而,由于这些工作采用了很大程度的简化假设,它们的延迟估计只能给出一些数量级(Order Result)层次的结果。虽然这些数量级层次的结果在理论研究上存在一定的意义,而在实际应用中这些结果非常松弛,和真实的延迟差别很大。例如参考文献[93]中的研究表明,在网络流为相互独立的单跳 Poisson 流的情形下,GMS 机制的延迟为 $O(1)$,也就是说,GMS 在这个条件下能达到常数量级的延迟。而我们在实际实验中发现,在符合这种条件的不同网络场景下,延迟波动范围非常大,从几十到几百都有可能。可见,类似 $O(1)$ 的数量级层次的结果无法实际应用。

最近,Gupta 等学者在参考文献[46,47]中对跨层控制的延迟建模分析进行了进一步的研究,给出了更进一步的延迟估计结果。参考文献[46]在单跳网络流的条件下,把相互之间存在干扰冲突的多条链路模型化为一个单节点的 $G/D/1$ 队列,然后基于排队论中的成熟技术给出了跨层控制的延迟上限,同时也给出了任意控制策略下的延迟下限。参考文献[47]扩展了参考文献[46]的工作,把单跳网络流的情形推广到多跳网络流,并给出了多跳网络流的延迟下限。虽然相比于之前的工作,这些工作在延迟的界限估计方面更为准确,然而从本质上来说,这些工作仍然局限于整个网络所有业务流的平均延迟分析,而缺乏单个业务流粒度的延迟分析。

在认识到跨层控制的大延迟问题后,学术界也积极开展了降低延迟的新的跨层控制机制的设计工作。参考文献[82,94]通过跨层控制重要参数 V 的调节来实现网络效用与网络平均延迟的权衡。在这些工作中,网络效用与网络平均延迟的制衡关系为[$O(1/V)$, $O(V)$],即每当网络效用增加 $O(1/V)$ 量级,网络延迟就会增加 $O(V)$ 量级。在参考文献[52]中,作者提出了新的跨层控制机制,得到了此机制下更进一步的制衡关系[$O(1/V)$, $O(\log^2(V))$]。参考文献[77]在降低跨层控制的延迟方面提出了新的研究思路。该研究摒弃了现有跨层控制一般采用的"网络节点的缓存无限大"的假设条件,而是认为缓存有限。

在这个思路下，参考文献[77]研究了缓存大小与网络效用间的制衡关系。虽然以上工作都能降低网络的平均延迟，然而都只是考虑网络中所有业务流的平均延迟，却没有关注单个网络流的延迟需求。

在为数不多的考虑业务流粒度延迟的工作中，为了实现业务流粒度的延迟控制，这些工作的网络效用大幅度降低。参考文献[63]在单跳干扰模型下提出了一种新的跨层机制，这种机制能够保障一个网络流的端到端延迟与该网络流的跳数成常数比关系。然而这种机制付出的代价是网络的容量空间只有最大网络容量空间的1/5。参考文献[50]提出了一种新的跨层控制机制，该机制采用了一种基于窗口的速率调节机制，通过调整窗口 W，该机制可以实现业务流粒度的吞吐量和延迟的权衡，而业务流的延迟可以达到与该业务流跳数同阶的延迟。但是，研究表明，不管窗口 W 的值如何设置，该机制下的网络效用只是最大网络效用的1/2。而我们知道，跨层控制的最大优势就在于能够实现网络资源的最优化利用，达到最大的网络容量空间和网络效用。为了降低延迟而牺牲这么多的网络效用，就违背了跨层控制的设计初衷。

2.3.2 跨层控制的实际应用研究

如前文所述，跨层控制是从理论出发，把网络资源最大化利用的问题建模为有约束条件的最优化问题，通过解这个最优化问题来设计跨层控制算法。虽然这种算法能获得理论上的最优解，但当这种算法在实际应用的时候，还是面临很多的挑战。其中最重要的是跨层控制需要知道网络的全局信息（例如，需要知道网络中所有节点上每个业务流的队列长度），并根据全局信息在特定的网络实体上进行集中式的计算跨层。如何解决跨层控制在实际应用中面临的问题，使得跨层控制能够在实际网络中应用，也是目前研究的热点之一。本书第5章对跨层控制算法进行了适应性的修改，使得其能够应用到集中式网络中，以最大程度地利用多AP分集的潜力。下面首先阐述跨层控制实际应用的现有工作；然后再阐述利用多AP分集方面的现有工作。

近年来，学术界已经逐渐开展跨层控制在实际中应用的研究工作。参考文献[130]基于跨层控制优先选择队列积压较大的链路这一基本思路，对无线网络中的链路进行了区分对待，为队列积压较大的链路分配更高的传输概率。基于这种思路，参考文献[130]提出了一种解决无线网络拥塞的协议，称之为DiffQ。DiffQ能够同时支持单路径或者多路径的路由。参考文献[130]把DiffQ实现在Linux系统中，并在一个包括46个节点的无线网络中进行了实际的实验。实验结果表明，DiffQ能够提高无线网络的整体吞吐量并能够改善网络流间的公平性。

参考文献[103]基于跨层控制的思想提出了无线Mesh网络的数据包转发系统（Horizon）。Horizon的一个优势在于其可以与现存的IEEE 802.11 MAC和TCP机制兼容共存。通过对跨层控制的适应性修改，参考文献[103]中得到了一个基于启发式的数据包转发策略，并提出了一个低量级的路径质量探测机制。通过这两种机制的结合，实现Horizon与802.11的兼容，同时也利用了跨层控制高效传输的性质。同时也提出了一个数据包乱序处理算法来解决跨层控制引起的频繁的TCP超时重传。研究结果表明，Horizon能够有效地利用网络中多个可能路径，并可以把网络流量智能地分流到这些路径上，从而提高网络的整体性能。

参考文献[119]对跨层控制的实际部署应用进行了一个比较全面的性能评价。该参考文献针对的是无线传感网这一网络环境。通过充分实验，作者得到两个结论。第一是发现简单的转发策略同样有效。比如，作者通过实验发现，只要一个链路上的队列积压大于 0 的时候，就允许该链路进行数据传输的策略与更复杂的策略下的性能大体相当。第二是发现在基于跨层控制的算法中，算法性能与控制参数紧密相关，并且参数设置应该考虑当前的网络流量状况。而在之前的理论研究中，参数的大小只会影响优化问题的迭代收敛速度。

参考文献[90]研究了跨层算法在无线传感网的数据收集(Data Collection)上的应用。该工作的目的在于设计一个新的数据收集协议，以更好地应对两个动态性：一是由无线信号干扰或者节点能量降低引起的链路质量的波动；第二是传感网中 sink 节点的变动。该工作认识到跨层控制算法在应对这些动态性的天然优势，同时也考虑了跨层算法可能引起的延迟问题。基于这些考虑，该工作把无线网络路由判据指标 ETX(Expected Number of Transmission)和跨层控制算法相结合，同时提出了浮动队列的机制(Floating Queue)，把跨层算法中的 FIFO 队列调整为 LIFO 队列。通过这些机制的结合，作者提出了无线传感网数据收集的新协议 BCP(Backpressure Collection Protocol)，并通过实验说明了其带来的性能提升。

以上是目前跨层控制在实际应用方面的工作。本书在不同的网络场景集中式无线网络下应用跨层控制。目前，集中式的无线网络已经广泛部署在公司办公楼和大学校园等环境。为了扩大覆盖范围并支持较高的网络吞吐量，这些网络通常具有较高的接入节点密度，这种高密度的接入节点形成了多 AP 分集，这种特性也给提高网络性能带了一个新的机会。

在学术界，已经有一些工作关注如何利用多 AP 分集来提高无线网络性能。其中，在参考文献[147]提出的方案中，当多个 AP 都接收到客户端传输的同一个数据包时，可以从这多个副本中选择一个传输正确的数据包，或者使用多个残缺的副本合成一个正确的数据包。然而这些工作只是利用多个 AP 的备份功能，也就是说，它们只是利用了多个 AP 来传输或接收同一个数据包的多个副本，没有充分利用多 AP 的分流功能。另外的一些工作如参考文献[128,85]则通过在多个可用网络路径间灵活地调度数据包来进一步利用多 AP 分集。参考文献[128]中提出了轮换(Round Robin)的调度策略；参考文献[85]中的调度策略是当目前使用的接入节点与客户端间的链路质量变差时，即在可用的其他网络接入节点中随机地选择一个使用。然而这些数据包在 AP 间的分流策略都是基于启发式的想法，因此不能保证以最优的方式利用 AP 分集，以致网络整体吞吐量偏低。

Ahmed 等人在参考文献[1]中提出使用集中式调度的方法来利用集中式网络中多 AP 分集的潜力。然而这个工作的重点在于描述多 AP 分集的潜力以及利用这些潜力面临的技术挑战，并没有提出具体的解决方案。另外，在有线网络中，参考文献[6,84,97,89,14,142,143]利用 Internet 中的多条并行路径进行数据传输以提高网络性能，然而这些工作都没有考虑到无线网络链路间干扰等特性，因此无法适用。

本书提出了一个基于跨层控制的集中式调度系统 TBCS 来充分挖掘多 AP 的潜力。TBCS 对跨层控制算法进行了适应性的修改，使其应用到集中式无线网络中来。通过大量的 NS-2 仿真发现，相比于现有工作，TBCS 能够支持最大的网络容量空间，并在极大地提高网络整体吞吐量和公平性的同时保障优先业务的延迟。具体工作请见本书第 5 章。

2.4 本章小结

本章首先概述了网络性能的定义及其与数据传输控制机制的关系，接着分别对多跳无线网络数据传输分层控制和跨层控制的研究现状进行了综述。在分层控制中，分别阐述了现有研究在速率控制、路由和调度这三个层次对目前沿用于有线网络和单跳无线网络的传输控制机制进行改进和扩展的工作。在跨层控制中，分别阐述了跨层控制的理论基础、计算复杂性、分布式实现、延迟分析与优化和跨层控制从理论走向实际应用的研究工作。从本章的分析中可以看出，虽然分层控制方面的研究提高了网络吞吐量，并能保持较小网络延迟，但网络公平性问题仍未得到解决。跨层控制虽然能达到最大的网络吞吐量和预设的网络公平性，但其网络端到端延迟非常大。总体来说，多跳无线网络数据传输控制的现有研究对网络性能的提升通常局限在某一个方面，却忽视甚至降低了另外方面的网络性能指标。因此，研究能够全面提升网络性能的多跳无线网络数据传输控制机制，提高分层控制的公平性，降低跨层控制的延迟，实现网络吞吐量、公平性和延迟的全面提升，即为本书的研究动机和目标。

第3章 非对称网络拓扑下资源访问控制建模与优化

3.1 概 述

近年来，资源访问控制协议 IEEE 802.11 DCF(Distributed Coordination Function)已经得到广泛的应用，不仅应用在单跳无线网络中，也应用在 Ad Hoc、Mesh 以及包含多个 AP 的稠密 WLAN 等多跳无线网络中。然而，由于 IEEE 802.11 DCF 当初只是为单跳无线网络设计，它在多跳无线网络下会造成网络流间吞吐量严重不公平的问题[44,113,11]。

在单跳无线网络中，可以认为所有节点都在同一个传输范围内，因此所有节点感受到的网络状态是相同的，即网络拓扑是对称的。与此相反，在多跳无线网络中，网络拓扑出现了非对称这一新特点。在非对称拓扑下，不同节点感知的网络状态互不相同。现有研究表明，多跳无线网络的网络流间吞吐量存在严重不公平性的原因在于非对称的网络拓扑使得 IEEE 802.11 DCF 在默认参数设置下不能正确地在节点间分配网络带宽资源，从而造成了吞吐量的不公平[44,45,57]。具体来说，在 IEEE 802.11 DCF 中，节点在退避窗口和退避阶数等多种 MAC 层参数的控制下竞争网络资源，不同的 MAC 层参数设置对应不同的节点吞吐量。在多跳无线网络中使用的 IEEE 802.11 DCF 也沿用了一组在单跳无线网络下行之有效的 MAC 层参数。然而，在多跳无线网络的非对称拓扑下，由于节点所处的拓扑位置关系不同，使用这组 MAC 参数配置会使节点吞吐量差异极大，导致网络的不公平问题。

在 IEEE 802.11 DCF 的框架下，可以通过优化 MAC 层参数来解决这种不公平性问题，本章也采用这样的技术路线。这种 MAC 层优化的挑战在于需要一个分析模型来预测非对称拓扑不同 MAC 参数设置下节点的吞吐量，并通过这个分析模型求得能够让网络达到公平性的最佳参数。

关于 IEEE 802.11 DCF 的建模分析，学术界已经有了很多工作。Bianchi 在参考文献[8]中首先认识到 IEEE 802.11 DCF 建模的困难性主要在于网络节点进行资源分配协调时的复杂交互作用。基于该认识，Bianchi 提出了一种解耦合假设(Decoupling Approximation)来分离节点间的复杂交互作用，并在解耦合假设的条件下提出了第一个 IEEE 802.11 DCF 分析模型。在这之后，其他 IEEE 802.11 DCF 的建模工作[8,67,105,22]也都是基于解耦合假设进行建模。然而，所有这些工作针对的网络环境都是对称网络，无法适用于多跳无线网络的非对称拓扑。

为了对多跳无线网络中的 IEEE 802.11 DCF 进行建模，Knightly 等在参考文献[44]中把一个多跳无线网络拓扑划分为多个子拓扑，然后基于这些子拓扑的拓扑特性，把它们归结到三种拓扑类别，分别是 SC(Senders Connected)类别、SIS(Symmetric Incomplete Channel State)类别和 AIS(Asymmetric Incomplete Channel State)类别。Knightly 的研究工作表明：SC 类别的网络拓扑下不存在公平性问题；SIS 类别的拓扑存在短期不公平性问题，但长期来看，网络流间的吞吐量也是公平的。问题最为严重的是 AIS 这种拓扑类别，AIS 拓扑下网络流间的吞吐量无论是从短期还是长期来看都存在严重的不公平性问题。因此，解决多跳无线网络中网络流间吞吐量不公平性问题的关键在于理解并提高 AIS 拓扑下的公平性。

对于 AIS 拓扑，参考文献[44]中提出了一个基于解耦合假设的分析模型，称之为 P-Model。虽然解耦合假设已经被证明在单跳无线网络中是成立的[114]，但本书发现该假设在 AIS 拓扑下是不成立的。尤其是在非默认的 MAC 参数下，在该假设下计算出来的网络性能与真实值差别甚远。由于 P-Model 建立在这个不成立的假设下，所以它对 AIS 拓扑下节点吞吐量的计算便不会准确。本章发现，在默认参数下，P-Model 的计算结果基本准确，而在非默认参数下，P-Model 的计算结果与真实吞吐量的差别非常大。因此 P-Model 不具备预测性，不能作为资源访问控制优化调整的基础。针对这一问题，本章提出一个 AIS 拓扑下 IEEE 802.11 DCF 的新模型，称之为 G-Model，并基于此模型提出一种优化方法来提高多跳无线网络的公平性。本章的贡献可以总结如下：

(1)发现 AIS 拓扑的一个重要特性，并利用该特性解释 P-Model 模型不准确的原因。我们发现，AIS 拓扑下节点数据包发送和丢失概率并不是均匀分布的，而 P-Model 采用的解耦合假设等假定了这些概率是均匀分布的，造成 P-Model 在非默认参数下的极大误差。

(2)提出一个创新的模型 G-Model 对 AIS 拓扑下资源访问控制机制 IEEE 802.11 DCF 进行建模分析。G-Model 摒弃了解耦合假设，提出一个二维马尔科夫链来描述 AIS 拓扑下节点的复杂交互作用。大量的仿真结果表明，在各种不同参数设置下，G-Model 的误差率仅有 1%～6%。

(3)基于 G-Model 设计一个模型驱动的优化方法来提高 AIS 拓扑下的公平性。并通过扩展该优化方法，提出 FLA(Flow Level Adjusting)来提高 AIS 嵌入的一般多跳无线网络中的公平性。仿真结果表明，FLA 可以大幅度提高整个网络的公平性。

本章的内容：第 3.2 节进一步阐述 AIS 下的不公平性问题，并提高网络公平性的基本思路；第 3.3 节阐述本书发现的 AIS 拓扑的特性，并利用该特性解释 P-Model 失效的原因；第 3.4 节提出 G-Model，并通过 NS-2 仿真验证 G-Model 的有效性；第 3.5 节提出模型驱动的方法——FLA，并通过仿真验证 FLA 的优化效果；第 3.6 节本章总结。

3.2 研究动机

3.2.1 AIS 拓扑下的不公平性问题

按照参考文献[44]中的定义，AIS 是一种由四个节点组成的网络拓扑，其中存在两个网络流。其特征为这两个网络流的初始节点具有不对称、不完整的链路状态信息。一个有代表性的 AIS 拓扑如图 3.1 所示：在图中有四个节点 A，a，B，b，其中 A→a 构成一个网络流，

B→b构成一个网络流，分别称之为 Flow A 和 Flow B。注意节点 B 和 b 在节点 a 的侦听范围之内，但却不在节点 A 的侦听范围内。

在上述这个 AIS 拓扑中，节点 A 和 B 具有不对称、不完全的链路状态信息。一方面，A 节点不能感知到 Flow B 的数据传输，因此，A 节点就可能在 Flow B 正在进行数据传输的过程中尝试传送数据包。而这时候，a 节点由于受到正在传输的 Flow B 的影响，就无法正确接收 A 节点的传输。这样，A 节点就会传输失败并相应地把其退避窗口扩大 2 倍。退避窗口的扩大等同于 A 节点尝试进行传输概率的减小，因此，A 节点占用链路的概率就会大大减少。而在另一方面，B 节点能侦听到 a 节点所发送的控制信息，因此能够对正在进行传输的 Flow A 实现正确避让。并且，在发生碰撞的时候，由于 Flow A 和 Flow B 间的 Capture 效应，B 节点的传输依然会成功。综合以上，可以发现在 AIS 拓扑中，Flow A 占用链路的概率相当小，而所有带宽几乎都会被 Flow B 消耗，因此就造成了 AIS 拓扑下的严重不公平性问题。

通过一个仿真结果来进一步说明 AIS 下的不公平性问题。仿真拓扑如图 3.1 所示。在本仿真中，所有 4 个节点都使用 IEEE 802.11 DCF，其参数都是用 NS-2 中的默认参数（如表 3.1所示），RTS/CTS 机制开启。仿真数据流设置为饱和的 UDP 流（Saturated UDP），数据包大小为 800B，仿真运行时间为 120s。仿真结果（Flow A 和 Flow B 的吞吐量）如图 3.2 所示。从图中可见，Flow A 的吞吐量几乎为 0，而 Flow B 占用了几乎所有的网络带宽。

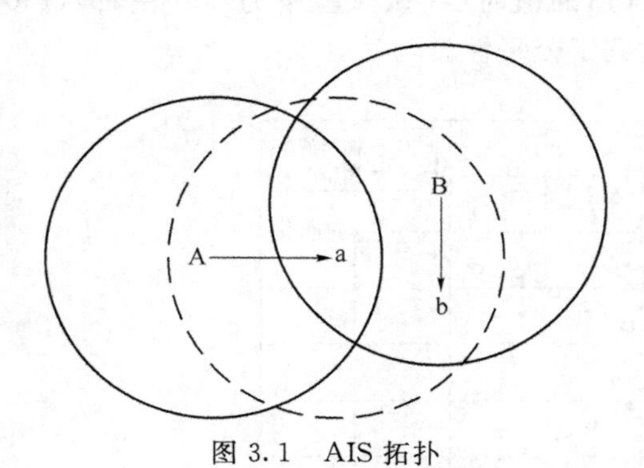

图 3.1　AIS 拓扑

800
700
600
500
400
300
200
100
0
吞吐量/(kbit·s^{-1})
网络流B
网络流A

图 3.2　AIS 拓扑下的不公平性问题

表 3.1　IEEE 802.11 DCF 默认参数

SIFS	10 μs
DIFS	50 μs
EIFS	364 μs
σ	20 μs
BasicRate	2 Mbit/s
DataRate	11 Mbit/s
PLCP length	192 bits @ 1 Mbit/s
MAC header(RTS,CTS,ACK,Data)	{20,14,14,28}bytes@BasicRate
$\{CW_{min}(A), CW_{max}(A)\}$	{31,1023}
Short Retry Limit	7
Long Retry Limit	4

对网络拓扑的分析研究表明，AIS 拓扑不是一种少见的不重要的拓扑，反而，它是一种非常常见的拓扑。在四个节点、两个网络流的网络拓扑中，AIS 拓扑出现的概率高达 30%[44]。另外，需要强调的一点是，AIS 和经典的隐藏节点问题也并不相同[44]。

3.2.2 基于模型的优化方法的潜力

本小节通过一个仿真结果来展示：通过改变 MAC 层的参数可以有效提高 AIS 拓扑的公平性。如之前所述，在 AIS 拓扑中，只有当 A 节点的传输发生在 B 节点的退避时间之内，该传输才能成功。然而，在 IEEE 802.11 DCF 的默认参数下，B 节点的初始退避窗口很小(CW_{min}(B)=31)，并且由于在 AIS 拓扑中 B 节点的传输总是成功，B 的退避窗口会一直保持在该最小窗口，因此 A 节点的传输落在 B 节点退避时间内的概率相当小，最终导致 Flow A 的吞吐量很小。

根据以上观察可以发现，如果提高 B 节点的初始退避窗口，那么就会让节点 A 发送成功的概率更大。在下面的仿真中，我们尝试这个想法：把 CW_{min}(B)的值从 31 逐渐增大到 671，每一次递增 40，然后在这些不同的 CW_{min}(B)的条件下重复 3.2.1 节中的仿真，结果如图 3.3 所示。从图中可见，随着 CW_{min}(B)的增大，Flow A 的吞吐量逐渐增大，而 Flow B 的吞吐量逐渐减小。当 CW_{min}(B)设置到一个合适的值时(在该试验中为 250 左右)，Flow A 和 Flow B 获得大概相同的吞吐量，即网络达到了公平性。

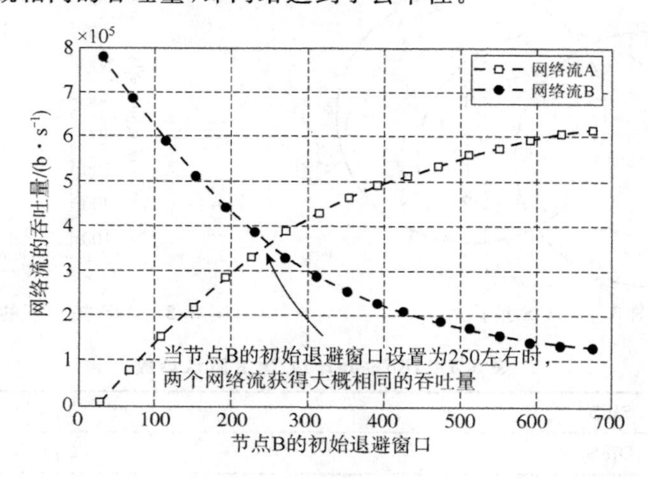

图 3.3 基于模型的优化方法的潜力

上述实验说明了通过优化 MAC 层参数来解决 AIS 不公平性问题的潜力。然而，要彻底解决不公平的问题，最大的挑战在于需要一个分析模型来预测不同 MAC 参数设置下的各个网络流的吞吐量。虽然目前学术界提出过一个分析模型 P-Model，但下一节的分析表明，P-Model具有很大的局限性，只是在默认参数下有效，因此无法作为优化依据。

3.3 AIS 拓扑 P-Model 的局限性

这里通过一个仿真结果来说明 P-Model 的局限性。仿真设置和 3.2.2 节中的设置一样，逐步改变 B 节点退避窗口 CW_{min}(B)的值，来比较 NS-2 仿真的网络流吞吐量和 P-Model 的计算吞吐量，结果如图 3.3 所示。从图中容易看出，当 CW_{min}(B)在默认值附近时，P-Model 的吞吐量预测结果比较准确，然而，当 CW_{min}(B)逐渐增大时，P-Model 的预测误差越来越大。本章 3.2 节里的后续仿真结果显示，当改变其他参数时，P-Model 的预测误差更大。

在对 P-Model 的局限性进行进一步的分析之前，需要首先简要回顾一下 P-Model 计算网络流吞吐量的大概过程。在参考文献[44]中，Flow A 的吞吐量通过如下公式得到：

$$T=\frac{\tau(1-p)L}{\tau(1-p)T_s+\tau pT_c+(1-\tau)\sigma} \tag{3.1}$$

式中，τ 是节点 A 的数据包发送概率；p 是节点 A 发送成功的概率；L 是节点 A 发送数据包的大小；T_s 为一个成功传输所需的时间；T_c 是一个包碰撞所耗费的时间；σ 是 IEEE 802.11 中的时间槽长度。其中，在 L 已知的条件下，T_s，T_c 都可以通过简单的计算确定[8]。以上是 Flow A 吞吐量的计算过程，Flow B 吞吐量的计算过程类似。

从公式(3.1)上容易看出，求得 Flow A 吞吐量的关键在于求得包发送概率 τ 和丢失概率 p。接下来给出 P-Model 计算这两个重要参数的过程，从这个过程将会发现，P-Model 采用了过于简化的假设(包括解耦合假设)，而这些假设随着 MAC 参数的变化而变得不成立，因此导致了 P-Model 的失效。

3.3.1　丢包率 p 的计算

下面从 AIS 拓扑中节点 a 感知到的信道状态的演化过程开始分析。如图 3.4 所示，信道状态的演化过程可以分成多个周期，每个周期用 C 表示，C 由两部分组成：Flow B 的一个正确传输包的传输时间和节点 B 随后的退避时间。

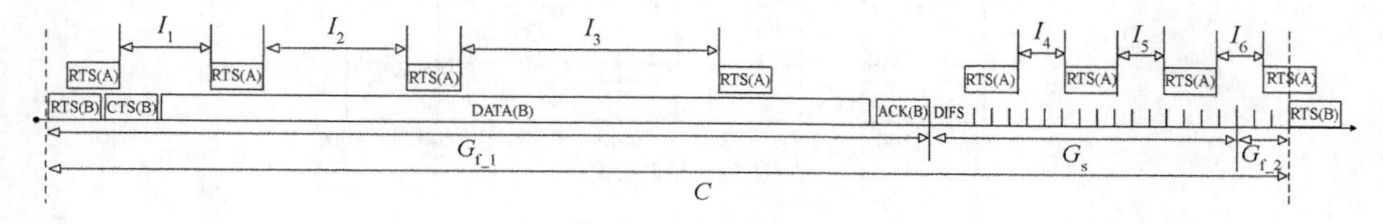

图 3.4　AIS 拓扑下信道状态的变化演化示意

现在重新回顾一下 A 节点的传输过程：由于 A 节点不能侦听到 B 节点和 b 节点的传输过程，A 节点可能在周期 C 里的任意一个时间槽内传输数据包。为了更好地分析 A 节点的传输成功与否，下面把周期 C 的时间划分成三部分。第一部分 G_{f_1} 代表 Flow B 的成功传输的时间段。很明显地，如果一个 A 节点的传输落在 G_{f_1} 区间内，那么 A 节点的传输会失败。周期 C 剩余的时间代表 B 节点的退避时间。如果 A 节点的传输落在退避时间的前一部分，那么这个传输不会与 B 节点在这个 C 周期内的传输碰撞，也不会与下一周期内 B 节点的传输碰撞，那么 A 节点的该次传输会成功。用 G_s 来表示 B 节点的前一部分退避时间。B 节点退避时间的剩余部分用 G_{f_2} 表示，在这段时间内，如果 A 节点进行传输，那么这个传输会与 B 节点下一周期内的传输碰撞，也会造成 A 节点传输的失败。方便起见，在本章里用 $G_f=G_{f\_1}\cup G_{f\_2}$。注意图 3.4 中并没有画出 Flow A 传输中的 CTS、DATA 和 ACK 的交互，因为当 a 节点的 CTS 发出的时刻，B 节点的退避计时器就立即开始冻结。

为了计算节点 A 的丢包率，参考文献[44]中提出的 P-Model 使用了一个简化的假设，称之为传输均匀分布假设。该假设认为，节点 A 的传输时间是在周期 C 内均匀分布的。基于这个假设，结合在以上分析里得到的结论（节点 A 的传输如果开始在 G_f 里，那么该传输会失败），那么容易计算出节点 A 的丢包率为 G_f 与 C 的比值。

然而，传输均匀分布假设在 AIS 拓扑里并不成立，通过图 3.4 可以很容易地解释这一点。一方面，在 G_{f_1} 阶段，节点 A 的传输面临着连续的多次失败，而随着每次传输失败，节点 A 的退避窗口都会呈指数增长（增长速率为 2）。因此，节点 A 的传输间隔也会相应地增加。如图 3.4 所示，传输间隔 I_1、I_2、I_3 一直在增长。而在另一方面，当 A 节点的传输落在 G_s 里，节点 A 的传输都会成功，因此其退避窗口会一直保持在最小退避窗口 CW_{min}(A)。那么在这个阶段里 A 节点的传输间隔 I_4、I_5 和 I_6 很明显地就小于之前的传输间隔 I_1、I_2 和 I_3。从以上分析中容易看出，节点的传输间隔并不是均匀分布的，也就是说，传输均匀假设并不成立。

下面通过一个仿真结果以更好地说明 P-Model 在传输均匀假设下的丢包率计算并不正确。图 3.5 中给出了 P-Model 的丢包率 p 和 NS-2 仿真下真实网络丢包率的比较。从图中可以看出，P-Model 高估了丢包率。

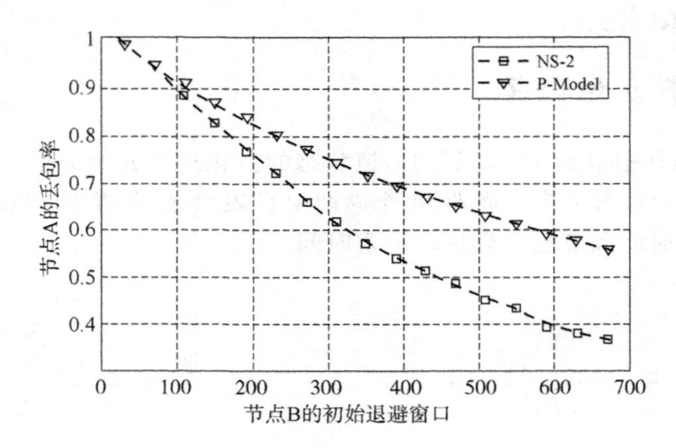

图 3.5　丢包率随退避窗口的变化比较

3.3.2　传输率 τ 的计算

为了计算传输率 τ，P-Model 又假设了节点传输的丢包率是一个均匀分布，称之为解耦合假设。在解耦合假设下，节点 A 的传输率可以用丢包率和其他 MAC 层参数表达出来[8,44]：

$$\tau=\frac{2(1-2p)}{(1-2p)(W_0+1)+pW_0(1-(2p)^m)} \tag{3.2}$$

式中，W_0 是节点 A 的初始退避窗口；m 是节点 A 的最大退避上限。虽然解耦合假设已经被验证在单跳无线网络中是成立的，但我们发现在 AIS 拓扑下，解耦合假设并不成立。在 3.3.1 小节里已经分析过，当 A 节点的传输落在 G_f 里时，这些传输会遭遇连续的失败，而当 A 节点的传输落在 G_s 里时，这些传输都会成功。显然，A 节点的丢包分布并不是平均的，即解耦合假设在 AIS 拓扑下并不成立。那么，在解耦合假设的条件下计算传输率的公式(3.2)也就并不正确了。为了验证这一点,图3.6给出了P-Model的传输率计算结果和NS-2仿真结果的比较。容易看出,随着B节点退避窗口的增长,P-Model越来越高估了传输率。

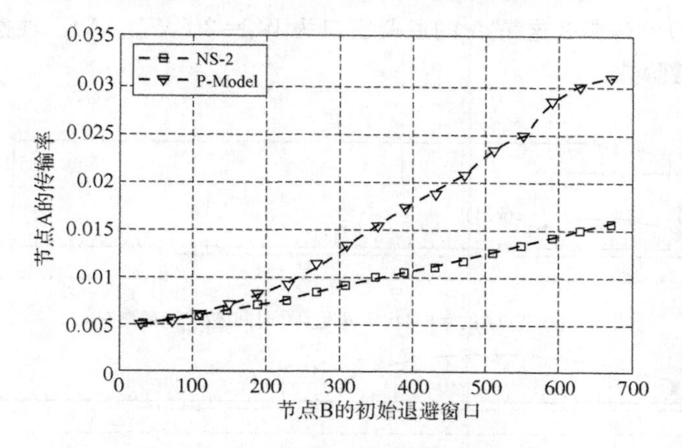

图3.6　传输率随退避窗口的变化比较

本节通过分析和仿真说明了传输均匀假设和解耦合假设在AIS拓扑下,尤其是当MAC层参数为非默认值时并不成立。仿真结果表明,在默认的MAC层参数下,这两个假设的计算结果与真实值基本相符。然而随着MAC层参数的变化,这两个假设的偏差随之增加。由于P-Model使用了这些不成立的假设,从而导致了它在非默认参数下的不准确。在下一小节里,我们提出了不需要使用这两个假设的新模型G-Model。

3.4　AIS拓扑的G-Model

本节提出一个新模型——G-Model来描述AIS拓扑下网络流间的资源访问控制。不同于现有的模型P-Model,我们摒弃了不正确的传输均匀分布假设和解耦合假设,而是采用一种更有效的方法来刻画AIS拓扑下的资源访问。从3.3节的分析中知道,A节点传输的成败与否取决于在周期C里每次传输的发生时间。如果这个传输发生在G_f里,传输会失败;而如果传输发生在G_s里,传输会成功。因此,为了计算数据传输概率τ和丢包率p,关键在于获取节点A的传输发生在C内每个时间槽上的概率。在G-Model中,我们提出了一个二维的马尔科夫链(Marlov Chain)来描述节点A的传输行为。通过这个马尔科夫链可以计算A节点的传输在C内每个时间槽上的概率,继而可以求得数据传输概率τ和丢包率p。

3.4.1　G-Model的推导

首先,用$c(k)$来表示节点A的第k次传输发生在C内时间槽上的随机过程。注意在这里$c(k)\in[1,N]$,N代表最长周期C的时间槽个数①。$c(k)$与$c(k+1)$间的关系:如图3.7(a)所

① 周期C包含一个数据包成功传输的时间T_s和节点B的退避时间。因为所有B节点的传输都是正确的[44],它的退避窗口会保持在$CW_{min}(B)$。因此,最长周期C的长度应该是$T_s+CW_{min}(B)$。

示，在 A 节点的第 k 次传输之后，节点 A 将在一段退避时间之后发起第 $k+1$ 次传输。这段退避时间是在当前 A 节点的退避窗口 W_j 内随机选取。假设在 A 节点的第 k 次传输之后，其退避次数为 $b(k)=j$，那么这是 A 的退避窗口为 $W_j=2^j\mathrm{CW}_{\min}(\mathrm{A})$。注意 $j\in[0,m]$，m 是 A 节点的最大退避阶数。

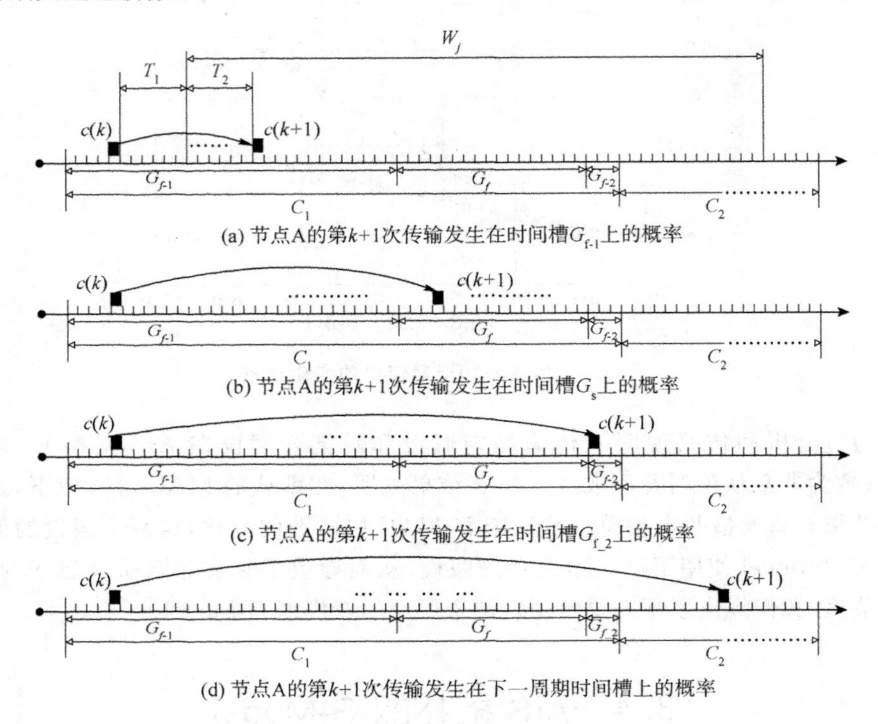

W_j
T_1
T_2
c(k)
c(k+1)
G_{f-1}
G_f
G_{f-2}
C_1
C_2
(a) 节点A的第k+1次传输发生在时间槽G_{f-1}上的概率
(b) 节点A的第k+1次传输发生在时间槽G_s上的概率
(c) 节点A的第k+1次传输发生在时间槽G_{f_2}上的概率
(d) 节点A的第k+1次传输发生在下一周期时间槽上的概率

图 3.7　马尔科夫链状态跳转

从以上分析中可以看出，$c(k+1)$的取值不仅依赖于 $c(k)$的值，也依赖于 A 节点当前的退避阶数，因此随机过程 $c(k)$本身并不是一个马尔科夫过程。不过，如果用 $b(k)$表示 A 节点在第 k 次传输之后的退避阶数，那么$\{c(k),b(k)\}$这个二维的过程就构成了一个二维马尔科夫链。从马尔科夫链的一个状态值$\{c(k)=i_0,b(k)=j_0\}$出发，其下一个一步跳转的状态值$\{c(k)=i_1,b(k)=j_1\}$以及这个跳转发生的概率 $p\{i_1,j_1\mid i_0,j_0\}$是由两个随机变量决定的：BO(A)和 BO(B)。其中 BO(A)代表 A 节点在第 k 次传输后的退避时间，BO(B)代表 B 节点在 A 节点第 k 次传输后的退避时间。下面分析这两个随机变量的分布，然后依据其分布可以确定马尔科夫链的下一步跳转状态$\{i_1,j_1\}$和相应的跳转概率 $p\{i_1,j_1\mid i_0,j_0\}$。

首先分析 BO(A)这个随机变量，因为当前的 A 节点的退避阶数为 j_0，那么 BO(A)就在$[0,2^{j_0}\mathrm{CW}_{\min}(\mathrm{A})]$内均匀分布。对于任意的 $\gamma\in[0,2^{j_0}\mathrm{CW}_{\min}(\mathrm{A})]$有

$$P_{\mathrm{BO(A)}}(\gamma)=P\{\mathrm{BO(A)}=\gamma\}=\frac{1}{2^{j_0}\mathrm{CW}_{\min}(\mathrm{A})}\tag{3.3}$$

接下来分析变量 BO(B)。我们知道 BO(B)是一个在$[0,\mathrm{CW}_{\min}(\mathrm{B})]$内均匀分布的变量，因此对于任意一个 $\mu\in[0,\mathrm{CW}_{\min}(\mathrm{B})]$，可以按照下面的方式计算 $\mathrm{BO(B)}=\mu$ 的概率：

$$P_{\mathrm{BO(A)}}(\gamma)=P\{\mathrm{BO(A)}=\gamma\}=\frac{1}{2^{j_0}\mathrm{CW}_{\min}(\mathrm{A})}\tag{3.4}$$

有了以上概率值，从图 3.7(a)中容易计算出：

$$G_{f\_1}=[1,T_s] \tag{3.5}$$

$$G_s=[T_s,T_s+\mu-\text{RTS}-\text{SIFS}] \tag{3.6}$$

$$G_{f\_2}=[T_s+\mu-\text{RTS}-\text{SIFS},T_s+\mu] \tag{3.7}$$

这里 T_s=RTS+SIFS+CTS+SIFS+DATA(B)+SIFS+ACK 是 Flow B 的一个成功传输所花费的时间。有了 i_0、j_0、γ 和 μ 以及 G_{f_1}，G_s，G_{f_2} 的信息后，现在决定 i_1 即 A 节点第 $k+1$ 次传输的时槽为

$$i_1=i_0+T_1+T_2 \tag{3.8}$$

式中，T_1 是 A 节点第 k 次传输所花费的时间；T_2 是 A 节点在第 k 次传输后的退避时间，显然 $T_2=\gamma$。现在计算 T_1 的值：

$$T_1=\begin{cases}\text{RTS}+\text{SIFS} & i_0\in G_s,j_0=0\\ \text{RTS}+\text{SIFS}+\text{CTS} & j_0>0\end{cases} \tag{3.9}$$

现在使用图 3.8 所示来形象地解释公式(3.9)。如图 3.8(a)所示，如果 $i_0\in G_s$ 和 $j_0=0$，那么 A 节点的第 k 次传输发生在 B 节点的退避时间内。当节点 a 开始用一个 CTS 来回复节点 A 的 RTS 的时候，节点 B 将听到这个 CTS，从而节点 B 的退避计时器就此冻结。因此，A 节点第 k 次传输的时间花费为 T_1=RTS+SIFS。另外，当 $j_0>0$ 时，A 节点的第 k 次传输失败，如图 3.8(b)所示。在这种情况下，节点 A 花费一段长度为 RTS+SIFS+CTS 的时间来检测这个 RTS 超时。

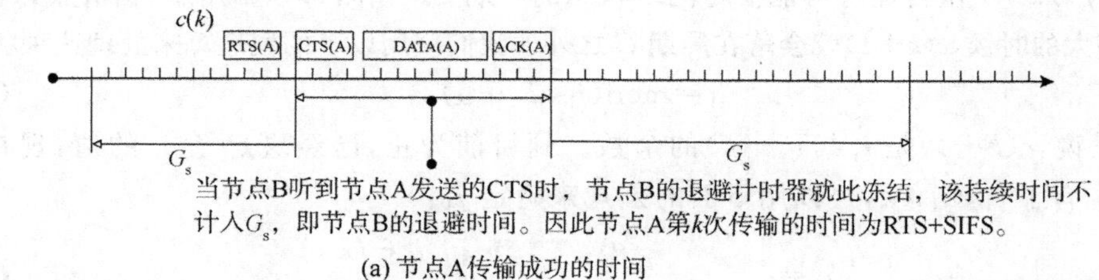

(a) 节点A传输成功的时间

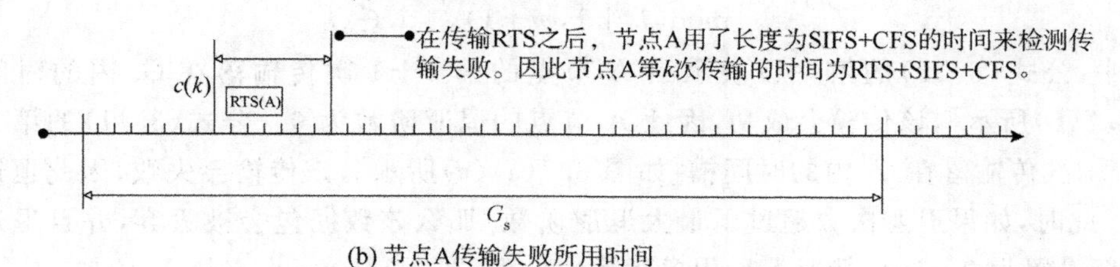

(b) 节点A传输失败所用时间

图 3.8　节点 A 第 k 次传输所耗时间

算法 3-1　G-Model 中二维马尔科夫模型跳转概率的计算

输入：MAC 层参数

输出：一阶跳转概率矩阵

```
1:for each i₀,i₁∈[1,N],j₀,j₁∈[0,m]
2:  p{i₁,j₁|i₀,j₀} = 0
3:end
4:for each i₀∈[1,N],j₀∈[0,m]
5:       for each   γ∈[0,2^j₀ CW_min(A)],μ∈[0,m]
```

```
6:              if  i₀ ∈ Gs & j₀ = 0
7:                      T1 = RTS + SIFS
8:                  else
9:                      T1 = RTS + SIFS + CTS
10:                 end
11:                 i1 = mod(i₀ + T1 + γ, Ts + μ)
12:                 Gs = (Ts, Ts + μ - RTS - SIFS)
13:             if  i₀ ∈ Gs
14:                     j1 = 0
15:             else
16:                     j1 = mod(j₀ + 1, m + 1)
17:             end
18:             P{i1, j1 | i1, j₀} = P{i1, j1 | i₀, j₀} + 1/(2^j₀ CWmin(A)CWmin(B))
19:     end
20:end
```

有了 T_1 和 T_2 的信息后,i_1 可以用公式(3.8)计算出来。然而,需要考虑一个特别的情况:当A节点的第 $k+1$ 次传输有可能横跨网络状态的周期 C。如图3.7(d)所示,当节点A的退避时间 γ 足够大的时候,$c(k+1)$ 就会落在周期 C 之外。我们使用以下的模运算来处理这种状况:

$$i_1 = \mathrm{mod}(i_1, T_s + \mu) \tag{3.10}$$

也就是说,$c(k+1)$ 是 $i_1/(T_s+\mu)$ 的余数。到目前为止,已经决定了 i_1 的值,现在我们来计算 j_1。有了 i_1, G_f, G_s,可以用下面的公式来确定 j_1:

$$j_1 = \begin{cases} 0 & i_1 \in G_s \\ \mathrm{mod}(j_0+1, m+1), & i_1 \in G_f \end{cases} \tag{3.11}$$

其中,公式(3.11)的第一行表示当A节点的第 $k+1$ 次传输落在 G_s 内的时间槽时[如图3.7(b)所示],该传输会成功,因此A节点的退避阶数为0。公式(3.11)的第二行表示当 $k+1$ 次传输落在 G_f 内的时间槽[如图3.7(a)(c)所示],该传输会失败,因此退避次数会加1。此时,如果退避次数超过了最大退避阶数,那么该数据包会被丢弃,并且退避次数 j_1 被重新设置为0。这种情况下采用模运算来处理,即 $\mathrm{mod}(m+1, m+1)=0$。

从上面的推导过程可以看出,马尔科夫链下一步跳转到的状态 $\{i_1, j_1\}$ 是由 γ 和 μ 决定的。对于每一个 $\gamma \in [0, 2^{j_0}\mathrm{CW}_{\min}(\mathrm{A})]$,$\mu \in [0, \mathrm{CW}_{\min}(\mathrm{B})]$,可以用式(3.10)和式(3.11)来决定 $\{i_1, j_1\}$ 的值。结合 γ 和 μ 的取值,能够得到一阶跳转概率:

$$P\{i_1, j_1 \mid i_0, j_0\} = P\{i_1, j_1 \mid i_0, j_0\} + P_{\mathrm{BO(A)}}(\gamma) \times P_{\mathrm{BO(B)}}(\mu) \tag{3.12}$$

注意不同的 (γ, μ) 的组合可能会产生同样的 $\{i_1, j_1\}$,因此在式(3.12)使用一个迭代的方式来计算跳转概率。总结以上,下面的 Algorithm 1 中给出了计算跳转概率的过程。

用 M 表示上述使用算法3-1得到的马尔科夫链的一阶跳转概率,用 $\pi_{i,j}$ 表示马尔科夫链的稳态概率,即 $\pi_{i,j} = \lim_{k\to\infty} p\{c(k)=i, b(k)=j\}$。按照随机过程理论[41],可以用下面的公式计算 π:

$$\pi M=\pi \tag{3.13}$$

接下来可以通过 π 来计算丢包率，在下面的公式(3.14)中，p 即为落在 G_i 里的传输概率的和，即

$$p=\sum_{j>0}\sum_{i=1}^{N}\pi_{i,j} \tag{3.14}$$

节点 A 的平均退避窗口为

$$\overline{\mathrm{CW}}=\sum_{j=0}^{m}\sum_{i=1}^{N}\pi_{i,j}2^{j}\mathrm{CW}_{\min}(\mathrm{A}) \tag{3.15}$$

通过退避窗口可以容易计算出传输率：

$$\tau=\frac{2}{\overline{\mathrm{CW}}} \tag{3.16}$$

通过式(3.14)和式(3.16)计算出丢包率和传输率后，可以用公式(3.1)来计算节点的吞吐量。

3.4.2　G-Model 的验证

本节通过大量的仿真结果来验证 G-Model 的有效性。除了下面特别说明的参数外，其他参数与 3.2 节中的仿真设置相同。注意在每组参数下，都运行十次仿真。下面的仿真结果给出十次仿真的平均值和置信区间。

1. 退避窗口的改变

与 3.2 节中一样，在这组仿真实验中，以 40 的步长把 B 节点的退避窗口 $\mathrm{CW}_{\min}(\mathrm{B})$ 从 31 逐步增长到 671。图 3.9 和图 3.10 比较了 P-Model 的预测结果、G-Model 的预测结果和从仿真结果中获取的真实值。可以发现在所有的退避窗口设置下，G-Model 都保持了很高的准确性。具体来说，对于 Flow A，G-Model 对吞吐量预测的平均误差率是 5.40%，而 P-Model的平均误差率为 17.89%；对于 Flow B，G-Model 的平均误差率为 2.71%，而 P-Model的平均误差率为 18.68%。

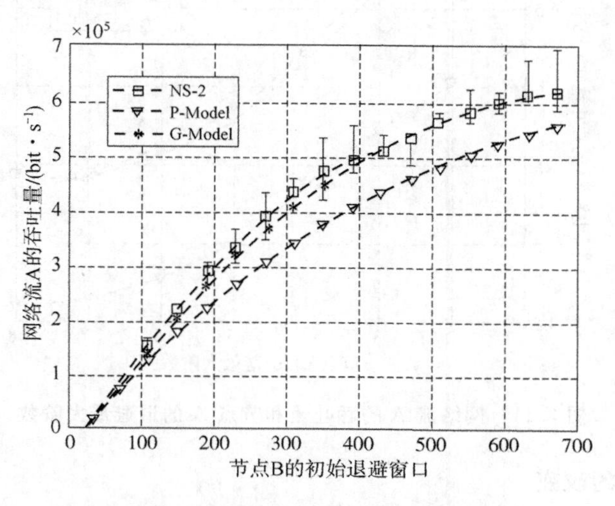

图 3.9　网络流 A 的吞吐量和 $\mathrm{CW}_{\min}(\mathrm{B})$

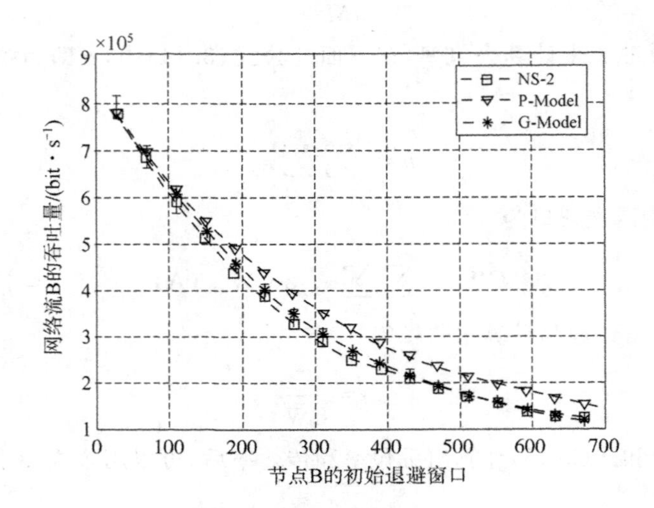

图 3.10　网络流 B 的吞吐量和 CW_{min}(B)

2. 最大退避阶数的改变

下面分析在不同最大退避阶数的设置下检查 G-Model 的准确性。在仿真中把 A 节点的最大退避阶数 m 从 1 增长到 8,步长为 1,这里 B 节点的退避窗口设置为 511。图 3.10 给出了 Flow A 吞吐量的模型预测结果和实际仿真结果,图 3.11 给出了 Flow B 吞吐量的模型预测结果和实际仿真结果。从图中可以发现,在所有退避阶数的设置下,G-Model 都保持了很高的准确性。具体来说,对于 Flow A,G-Model 对吞吐量预测的平均误差率是 0.95%,而 P-Model的平均误差率为 12.97%;对于 Flow B,G-Model 对吞吐量预测的平均误差率为 3.33%,而 P-Model 的平均误差率为 34.57%。

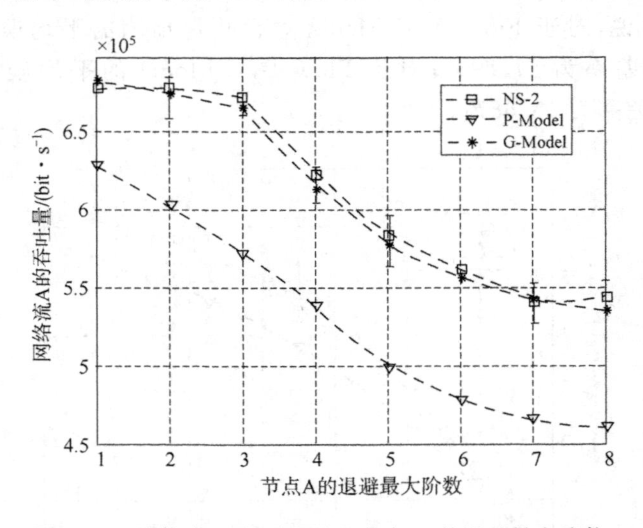

图 3.11　网络流 A 的吞吐量和节点 A 的退避最大阶数

3. 数据包大小的改变

在这组仿真里,把数据包的大小从 200 Byte 提高到 1400 Byte,每一次提高的步长为

200 Byte。这里，B 节点的最大退避阶数设置为 6，B 节点的退避窗口设置为 511。图 3.13 和图 3.14 比较了 P-Model 的预测结果、G-Model 的预测结果和从仿真结果中获取的真实值。可以发现在所有的数据包大小设置下，G-Model 都保持了很高的准确性。具体来说，对于 Flow A，G-Model 对吞吐量预测的平均误差率是 1.96%，而 P-Model 对吞吐量预测的平均误差率为 14.46%；对于 Flow B，G-Model 对吞吐量预测的平均误差率为 4.24%，而 P-Model的平均误差率为 28.12%。

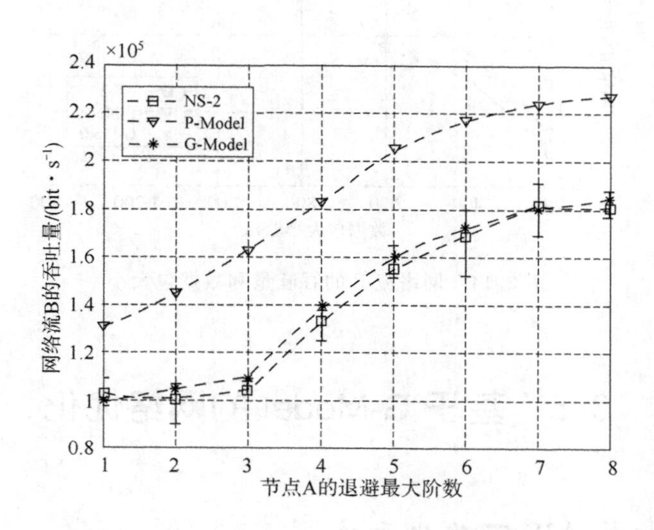

图 3.12　网络流 B 的吞吐量和节点 A 的退避最大阶数

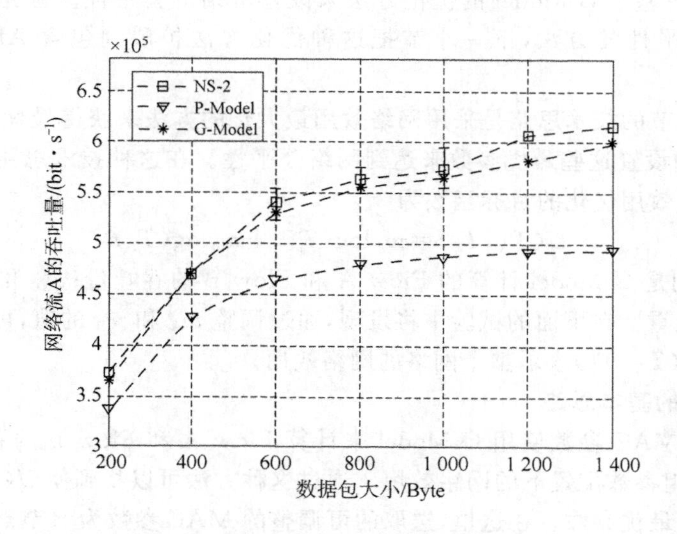

图 3.13　网络流 A 的吞吐量和数据包大小

总结来说，通过以上的仿真结果，可以发现 G-Model 在各种不同的参数设置下都保持了很高的准确性。相比于 P-Model，G-Model 可以更准确地刻画 AIS 拓扑下的资源访问控制，从而可以更准确地预测 AIS 拓扑下的网络流吞吐量。

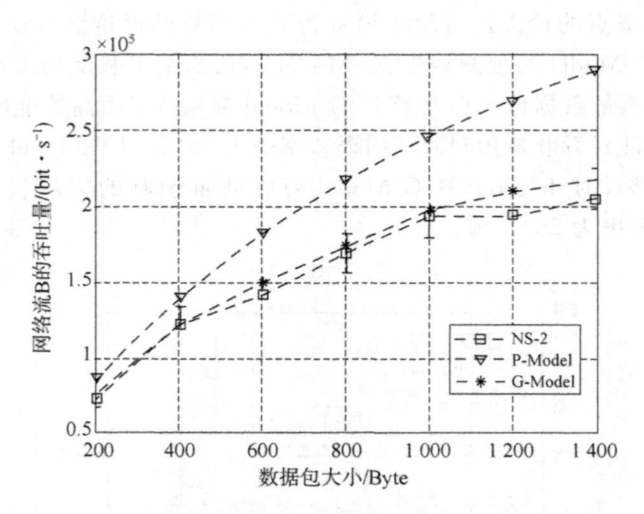

图 3.14　网络流 B 的吞吐量和数据包大小

3.5　基于 G-Model 的网络优化

3.5.1　基本拓扑 AIS 下优化方法

这里提出一种基于 G-Model 的优化方法来改善网络的公平性。首先本小节关注提高基本 AIS 拓扑公平性的方法，下一小节把这种优化方法扩展到包含 AIS 拓扑的一般网络中。

具体来说，本节的技术思路是采用网络效用最大化的方法来获得最优 MAC 层参数，然后在 NS-2 仿真中设置这些最优参数来达到网络公平性。在这种技术思路下首先设计效用函数，也就是网络效用优化的目标函数为

$$U(T_A, T_B) = w_A \log(T_A) + w_B \log(T_B) \tag{3.17}$$

式中，T_A，T_B 分别是 G-Model 计算的 Flow A 和 Flow B 的吞吐量；w_A 和 w_B 分别是 Flow A 和 Flow B 的权重。在下面的试验中将发现，通过调整 w_A 和 w_B 的值，可以实现网络流间带权重的延迟；$U(T_A, T_B)$表示整个网络的网络效用。

1. 优化方法的基本思路

对于每一组 MAC 参数使用 G-Model 来计算 Flow A 和 Flow B 的吞吐量，然后使用式(3.17)计算这组参数配置下的网络效用。通过这种方法可以找到使 $U(T_A, T_B)$达到最大值的参数，称之为最优参数。在这里，选取的可调整的 MAC 参数为 B 节点的初始退避窗口 CW_{min}(B)和节点 A 的最大退避阶数 m。用{CW_{min}(B)，m}表示可改变的参数组。在具体的优化操作中，具体数值寻找的范围是 CW_{min}(B)以步长 20 从 31 增长到 671，m 以步长 1 从 1 增长到 8。

2. 通过仿真来验证优化效果

首先为两个网络流 Flow A 和 Flow B 设置相同的权重，即 $w_A = w_B = 1$。通过上述优化

方法求得不同数据包大小设置下的最优参数，如表 3.2 所示。接下来，在 NS-2 仿真中把 MAC 参数设置成最优值{111,1}。图 3.15 为该最优参数下的网络流吞吐量和默认参数下的网络流吞吐量间的比较。从图中可以看出，经过优化后的 Flow A 和 Flow B 的吞吐量几乎相等；而在优化前，Flow A 的吞吐量几乎为 0。

表 3.2　最优参数表

数据包长度	最优参数($w_A=1,w_B=1$)	最优参数($w_A=1,w_B=2,m=5$)
200	{111,1}	{131,5}
400	{111,1}	{151,5}
600	{111,1}	{151,5}
800	{111,1}	{151,5}
1000	{111,1}	{151,5}
1200	{111,1}	{151,5}
1400	{111,1}	{151,5}

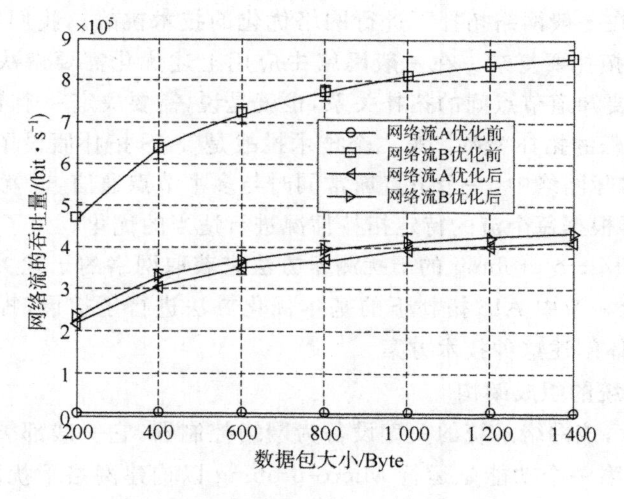

图 3.15　优化效果($w_A=1,w_B=1$)

在上面的实验中，假设了两个网络流具有同等的权重。然而，在有些网络状况下，网络流具有不同的权重。假设 B 节点是一个网络服务器而 A 节点是一个普通的无线客户端，那么需要为 B 节点分配更多的网络带宽。下面检查在网络流具有不同权重情况下的优化效果。在这种情况下，要解决的问题是根据权重为网络流分配相应大小的带宽。在下面的仿真中，假设 B 节点的权重是 A 节点的两倍，也就是说，需要为 B 节点分配两倍于 A 节点的带宽。为了解决这个问题，在式(3.17)中设置 $w_A=1,w_B=2$。在这种设置下，通过本节的优化方法求得最优 MAC 参数配置，如表 3.2 的第三列所示。在 NS-2 中设置了这些最优参数，然后在图 3.16 所示中给出了优化前和优化后的网络吞吐量。从图中可以发现，Flow B 的吞吐量大概为 Flow A 吞吐量的两倍，也即说明，所提出的模型化驱动的优化方法能很好地实现带权重的网络公平性。

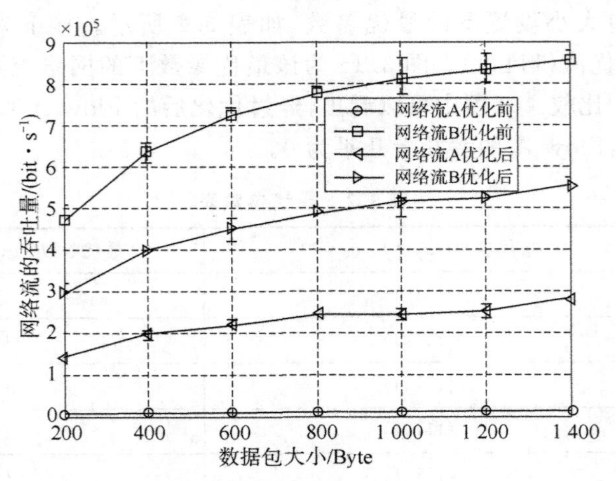

图 3.16　优化效果($w_A=1, w_B=2$)

3.5.2　一般网络拓扑下的优化方法

下面首先分析在一般网络拓扑下进行网络优化的技术挑战。我们知道，一般的网络拓扑通常比 AIS 网络拓扑要复杂。在一般网络中应用上述优化需要解决两个技术问题。第一个技术挑战是需要知道节点间的拓扑关系，也就是说，需要决定一个节点是否与其他节点构成了 AIS 这种特殊的拓扑关系。第二个技术挑战是，AIS 拓扑假设了一个节点上面只有一个网络流，而在实际网络中，一个节点通常同时与多个节点通信，也就是说，一个节点上会有多个网络流，需要根据每个流的特定拓扑情况进行适当的优化。为了解决第一个问题，本书采用了一种叫作 Micro-probing 的干扰测量方法来获取网络的干扰关系图。为了解决第二个问题，这里对上一节中 AIS 拓扑下的基本优化方法进行了扩展，提出了一种流粒度的优化方法。下面具体阐述这种技术方案。

1. 整个网络系统的组成架构

如图 3.17 所示，该网络系统的关键设备为网络控制器，它一般部署在网络的出口路由器上，有两个功能：第一个功能是运行 Micro-probing 以构建网络干扰图，第二个功能是进行流粒度的模型驱动的优化。

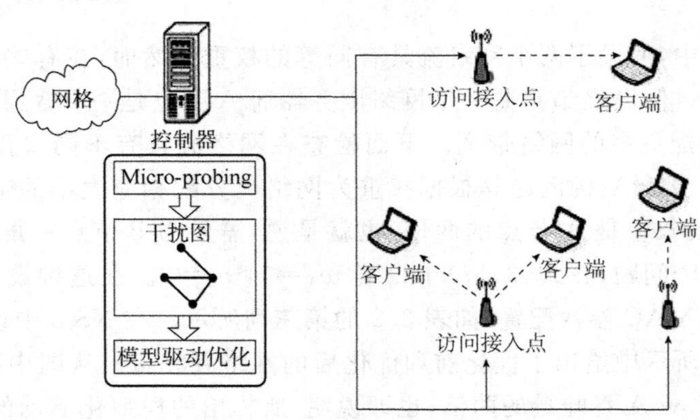

图 3.17　仿真网络系统示意

Micro-probing 是参考文献[2]提出的无线网络干扰测量的有效方法，它可以在一个网络正常使用的情况下快速构建该网络的干扰图。Micro-probing 所耗的时间也比较少，对于几十个节点规模的网络，Micro-probing 只需大约十余秒的时间就可构建干扰图。一旦获取了网络干扰图，即可识别出 AIS 拓扑关系。对于每一组 AIS 拓扑，网络控制器使用 3.5.1 节中的方法来计算最优参数，并指示相应的网络接入节点进行最优参数设置。

2. 网络流粒度的优化

在一般网络中，一个节点上通常有多个网络流。如图 3.18 所示，在一个包含多个 AP 的网络中，图 3.18(a)上存在三个网络流 f_1,f_2,f_3。其中 f_2,f_3 和右边 AP 上的网络流构成了 AIS，而网络流 f_1 并未和其他网络流构成 AIS。针对这些问题，下面提出网络流粒度的模型驱动的优化：AP 根据其上网络流不同的拓扑关系，为其设置不同的 MAC 层参数。在这个例子中，因为 f_2 在 AIS 拓扑中，网络控制器将通过 G-Model 来计算最优参数，并指示图 3.18中左边的 AP 为 f_2 设置最优参数；而在另一方面，由于 f_1 并没有在任何 AIS 中，网络控制器将指示左边的 AP 为 f_1 设置默认的参数配置。下面把这种优化称之为流粒度的优化。

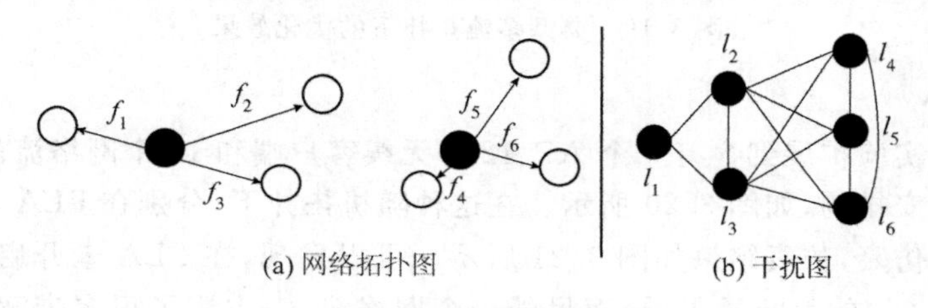

图 3.18　典型多流拓扑

3.5.3　优化效果验证

现在通过 NS-2 仿真来验证 FLA 的优化效果。首先在一个包含两个 AP 的简单网络拓扑中进行仿真，以更方便地展示 FLA 的优化效果。接下来在更大的随机拓扑中验证 FLA 的优化效果。注意在所有的仿真中，都已经把系统所耗时间包含进来了。

1. 有代表性的简单多流拓扑下的仿真

如图 3.18 所示，第一个仿真拓扑包含两个 AP(图中黑色实心节点)和六个无线客户端(用空心节点表示)。注意为了构图的方便，并没有画出网络控制器，以及网络控制器和 AP 间的有线连接。通过对节点相对拓扑位置的设置，使得该网络形成了六个 AIS 对，包括$\{f_2,f_4\}$，$\{f_2,f_5\}$，$\{f_2,f_6\}$，$\{f_3,f_4\}$，$\{f_3,f_5\}$，$\{f_3,f_6\}$。图 3.18 同时也给出了该网络拓扑对应的干扰图。在干扰图中，如果任意两个链路 l_i 和 l_j 不能同时传输，那么就有一个线段把它们连接起来。

仿真结果如图 3.19 所示。从图中可以看出，在 FLA 启动(450 s)以前，AIS 中弱势的网络流 f_2 和 f_3 的吞吐量几乎为 0。一个有意思的现象是不在任何 AIS 中的网络流 f_1 的吞吐量也比第二个 AP 上的网络流吞吐量低。通过分析仿真的过程，发现了这种现象的原因：因为 f_2 和 f_2 浪费了太多的时间在注定要失败的数据传输上，导致 f_1 没有太多机会进行数据包传输。这就造成了 f_1 的吞吐量也偏低。在第 450 s，启动了 FLA，容易看出，f_2 和 f_3 的吞吐量得到了很大的提高，而 f_1 的吞吐量也得到了提高。这六个网络流的吞吐量趋于一致。综上，FLA 不仅能改善 AIS 拓扑中网络流的公平性，也能间接提高非 AIS 拓扑网络流的公平性。

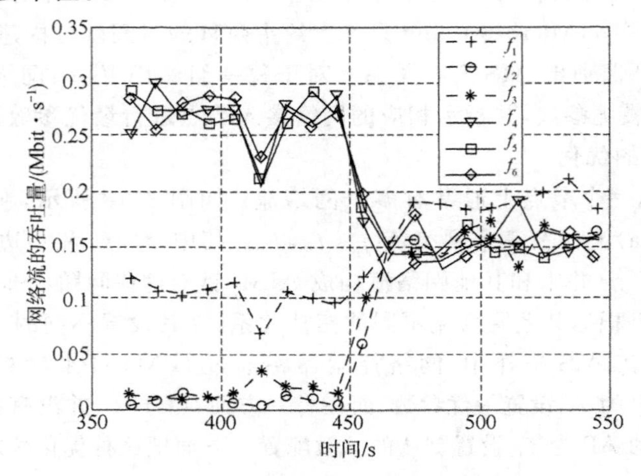

图 3.19　典型多流拓扑下的优化效果

2. 随机拓扑

下面把仿真实验扩展到含有 5 个 AP、12 个无线客户端和 12 个网络流的情形。节点的拓扑位置是随机安排的，如图 3.20 所示。在这种随机拓扑下，分别在 FLA 不开启和开启的两种情况下进行仿真，仿真结果如图 3.21 所示。可以发现，在 FLA 未开启的时候，四个网络流（f_2，f_3，f_7，f_{12}）的吞吐量很低，而另外一个网络流 f_4 占用了很多带宽。而在 FLA 开启的时候，上述的四个网络流的吞吐量获得了可观的增加，而 f_4 网络流的吞吐量也降到了一个合理的值。

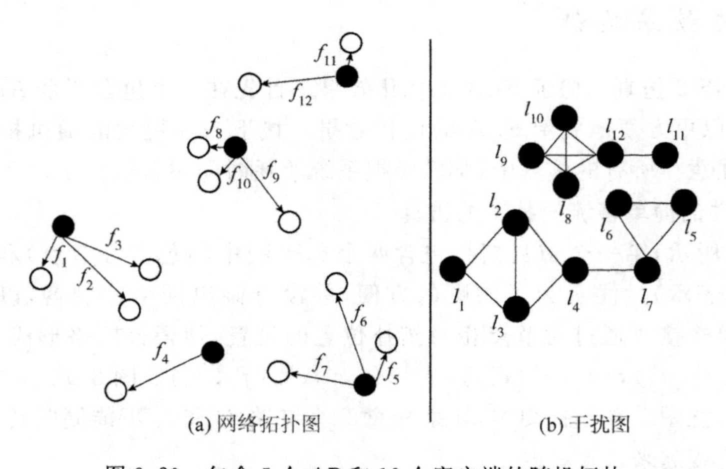

图 3.20　包含 5 个 AP 和 12 个客户端的随机拓扑

为了定量地衡量 FLA 的效果，本书使用一个衡量公平性的指标 Jain's Fairness index[58]来衡量网络的公平性。在上述仿真中，FLA 开启后，Jain's Fairness index 的值从 0.54 变为 0.96，公平性指标的提高为 77.78%。同时，网络整体的吞吐量也有所提高，从 2.28 Mbit/s 增加到 2.67 Mbit/s，提高率为 11.71%。通过分析发现，这种整体网络吞吐量提高的原因在于 FLA 能减少在不成功的数据传输上所耗费的时间。

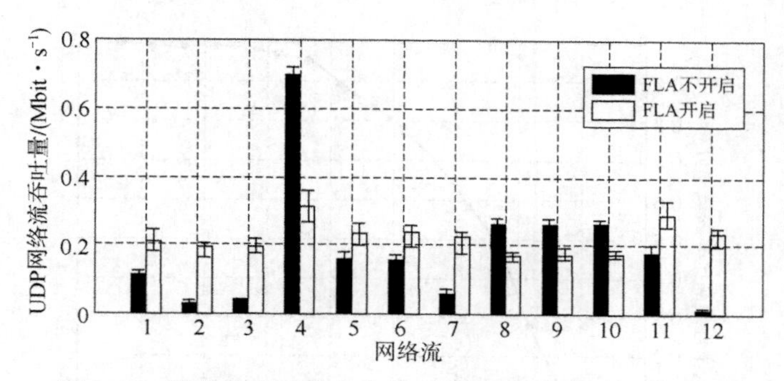

图 3.21　随机拓扑下的优化前后 UDP 网络流吞吐量对比

3. 上行数据对 FLA 的影响

这里重复上一节的仿真，与之不同的是增加了 12 个上行网络流，并设置上行网络流的吞吐量为网络整体吞吐量的 20%。表 3.3 所示为仿真结果，从仿真结果数据可以计算出，下行网络流的公平性提高了 70.8%，而上行网络流的公平性保持不变。从这个仿真结果可以发现，FLA 在上行网络流的影响下依然能够大幅度提高下行网络流的公平性。

表 3.3　存在上行数据情形下的网络流吞吐量

	f_1	f_2	f_3	f_4	f_5	f_6	f_7	f_8	f_9	f_{10}	f_{11}	f_{12}	Total through-put	Jain's index
Uplink	0.038	0.039	0.036	0.031	0.037	0.037	0.039	0.039	0.032	0.038	0.04	0.037	0.443	0.99
Uplink with FLA	0.038	0.038	0.037	0.03	0.038	0.037	0.04	0.037	0.036	0.038	0.039	0.04	0.448	0.99
Downlink	0.092	0.032	0.037	0.568	0.129	0.134	0.062	0.217	0.217	0.227	0.152	0.011	1.88	0.544
Downlink with FLA	0.145	0.129	0.134	0.308	0.185	0.194	0.179	0.148	0.148	0.143	0.228	0.162	2.10	0.929

4. 更多随机拓扑下的 FLA 平均效果

这里采用 100 个随机网络拓扑来检查 FLA 的平均优化效果。对于每个随机拓扑，它的 AP 数量从 2～8 中随机选择，客户端数目从 6～50 中随机选择。对于每个随机拓扑运行两次仿真，一次开启 FLA，另一次不开启 FLA。

有了仿真结果后，首先分析公平性的改善。这里使用 J_1 代表未开启 FLA 时的网络 Jain's fairness index 的值，J_2 表示开启 FLA 后的网络 Jain's Fairness index 的值，用 r 代表公平性提高率，即 $r=J_2/J_1$。图 3.22 所示为公平性提高率的概率分布：$P\{R\}=P\{r\leqslant R\}$。图中的结果表明，对于 35%的拓扑，公平性提高率都大于 20%；对于 60%的拓扑，公平性提高率都大于 10%。

接下来检查 FLA 对网络整体吞吐量和延迟的影响。图 3.23 所示为开启和未开启 FLA 这两种情况下网络整体吞吐量的比较。用 x 轴的数据表示未开启 FLA 的网络整体吞吐量，用 y 轴的数据表示开启 FLA 的网络整体吞吐量。当一个数据点靠近 $y=x$ 数据线时，表示开启 FLA 前后的吞吐量接近。从图 3.23 所示可以发现，绝大部分节点都靠近 $y=x$ 线。类似地，图 3.24 给出了开启和未开启 FLA 两种情况下网络延迟的比较。可以看出，网络延

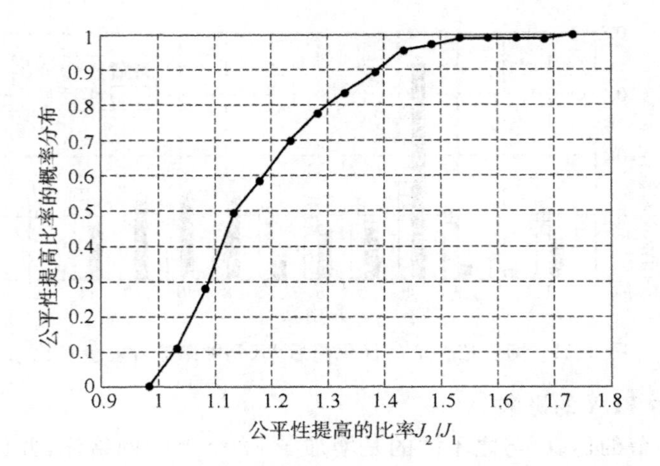

图 3.22 FLA 网络公平性提高率的概率分布

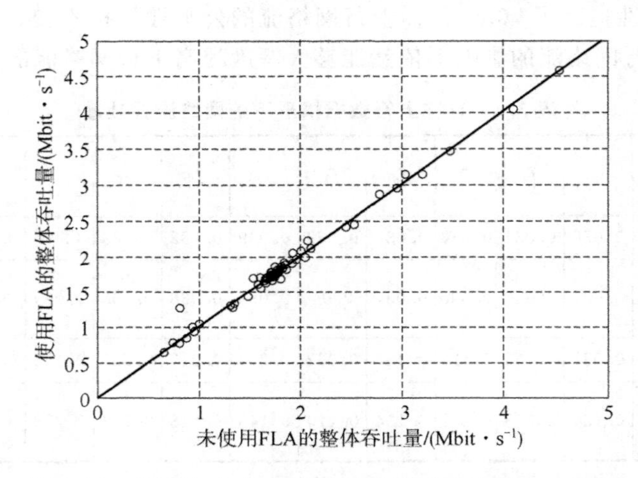

图 3.23 使用 FLA 与未使用 FLA 下的整体吞吐量对比

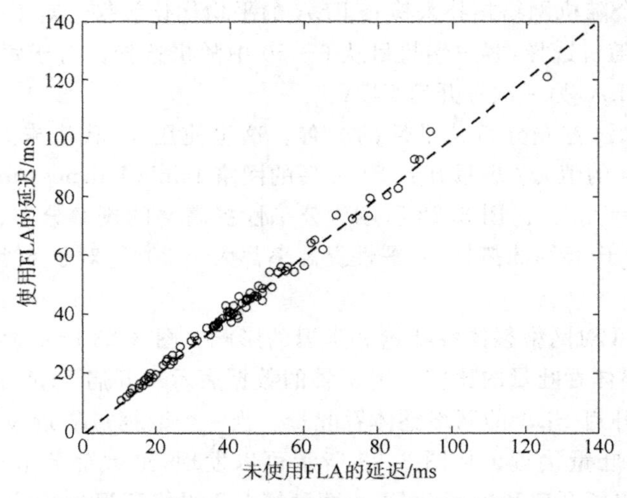

图 3.24 使用 FLA 与未使用 FLA 下的延迟对比

迟在这两种情况下都保持在比较小的值(大部分延迟在 10～50 ms 之内)。总体来说,FLA 可以在不影响网络整体吞吐量和网络延迟的同时有效提高网络公平性。

3.6 本章小结

本章采用一个创新的模型 G-Model 来定量分析典型的不对称的网络拓扑 AIS 对网络资源访问控制机制的影响。相比于现有工作,G-Model 可以更准确地预测不同 MAC 参数设置下的网络性能,预测误差率仅有 1%～6%。在此基础上,本章提出了一个模型驱动的性能优化方法。仿真结果表明,所提出的优化方法能大幅度地提高网络公平性。

第4章　兼顾延迟与网络效用的传输跨层控制算法

4.1　概　述

上一章提出了非对称网络拓扑下能计算任意参数配置下节点吞吐量的 IEEE 802.11 DCF 分析模型，在此基础上提出了多跳无线网络资源访问控制优化方法，该优化方法能大幅度提高网络的公平性。总的来说，上述研究属于对沿用单跳无线网络的传输控制进行改进和优化的工作。与此同时，学术界也在积极研究更适合于多跳无线网络的传输控制机制。相比于单跳无线网络，多跳无线网络的带宽资源更为匮乏，链路间的信号干扰更为复杂。一个重要的问题是，在多跳无线网络环境下，如何能以最优的方式利用网络资源，实现网络效用的最大化？

学术界的研究表明，要充分利用多跳无线网络的网络资源，数据传输的各个控制层次间需要协同工作。基于这种认识，涌现了大量的数据传输跨层控制（cross-layer control）的研究[34,60,62,64,74,78,80,82,87,94,112,133]。与之前传输控制大多基于启发式的设计思路，或者是在协议设计完成之后通过反向工程方法逐步改进的设计思路不同，跨层控制采用了一种自上而下的设计思路，具有良好的理论基础。研究表明，跨层控制能有效利用多跳无线网络的带宽资源，达到最大的网络效用（根据定义，网络效用是能体现吞吐量和公平性的双重优化指标，达到最大的网络效用意味着能达到最大的网络吞吐量和预设的网络公平性）。

然而这些工作主要关注网络吞吐量和公平性，对于另外一个重要的性能指标网络延迟关注甚少。而与此同时，近期很多研究工作[15,141]表明，目前的跨层控制算法会使网络流端到端延迟非常大。为了降低延迟，一种方法就是限制每个网络流延迟的上限。基于这种思路，参考文献[63,50]提出了新的跨层控制。在这些跨层控制中，一个网络流 f 的端到端延迟能够达到 $O(H_f)$，其中，H_f 是网络流 f 传输路径的跳数。也就是说，这些算法能达到与最小延迟值同阶的延迟（Order-optimal delay bound）。然而，为了达到这种延迟效果，这些跨层控制也带来了很大的负面效应，即牺牲了大量的网络效用。例如，参考文献[63]中新跨层控制算法的网络效用只有最大网络效用值的 1/5。显然，这种网络效用的极大降低是不可忽视的，尤其是考虑到跨层设计的最大优势就是其能保障网络效用达到最大值。因此，如何在保障网络效用最大化的同时，降低跨层控制延迟的问题至关重要。

本章研究在不损失网络效用的前提下降低跨层控制延迟的方法。我们知道，不同网络业务在延迟方面的需求是不同的。对于大文件传输来说，其最关注整体吞吐量而不太关注每个数据包的延迟;而对于流媒体等实时业务来说,延迟至关重要。基于这一现象,本章的基本思路在跨层控制中融入延迟区分的技术,在不同的网络流间分配延迟:减小延迟敏感业务的延迟,付出的代价就是其余业务延迟可能的增加。而与此同时,需要保障网络效用的最大化。

需要说明的是,网络业务区分化对待的思路其实早就有之[131,65,76,132]。然而,这些工作并不属于跨层控制的范畴,在这些工作中,并没有考虑网络效用的问题。因此,这些工作能达到的网络效用远低于本书所提出的方案能达到的网络效用。第 4.5 节中的仿真结果也验证了这一点。本章把延迟区分的思路融合到跨层控制的架构中,提出了一种可实现延迟区分的网络数据传输跨层控制机制,称之为 CLC_DD(Cross-Layer Control algorithm with Delay Differentiation)。本章的贡献可以总结如下:

(1) 提出一个创新的联合速率控制、路由和调度的跨层控制算法 CLC_DD,并证明 CLC_DD 算法能够达到最大的网络效用。

(2) 理论分析和仿真实验说明,CLC_DD 下网络流端到端延迟能够根据预先设定的延迟权重参数实现线性区分(Proportional Delay Differentiation,PDD)。通过 PDD 和 CLC_DD 提供了一个调整网络流延迟的灵活框架。仿真结果表明,CLC_DD 能够大幅度降低高优先级业务的延迟,同时低优先级应用的延迟并没有增加太多。

本章的组织如下:第 4.2 节描述本章的系统模型;第 4.3 节给出 CLC_DD 算法。第 4.4 节分析 CLC_DD 的线性延迟区分效果。第 4.5 节通过仿真结果验证 CLC_DD 对网络性能的提升效果。第 4.6 节总结本章工作。

4.2 系统模型

这里用二元组 $G=(\Gamma,E)$ 表示一个无线网络,其中 Γ 是网络中所有节点的集合,假设节点数目为 N,即 $N=|\Gamma|$;E 是网络中无线链路的集合,假设链路数目为 L,即 $L=|E|$。按照惯例以时槽为粒度进行系统计时,假设数据包都是在一个时槽的开始时刻到达,并且每个数据包传输所需时间为一个时槽。在这里用 t 来表示一个时槽。假设每个链路的容量都是每时槽包含一个数据包。

这里用一个矢量 $\boldsymbol{S}$ 代表一个可行的调度,当 $\boldsymbol{S}$ 中的第 l 个分量 $S_l=1$ 时,这个链路 l 在本时槽是活跃的,也就说,链路 l 可以在本时槽传输数据包。与之相反,当 $S_l=0$ 时,链路 l 不可以在本时槽传输数据包。用 $\boldsymbol{\Phi}$ 代表所有可行调度矢量的集合。注意 $\boldsymbol{\Phi}$ 是由网络拓扑和干扰模型共同决定的。为了简单起见,本章假设了单跳干扰模型,但注意本章的工作完全适用于任何干扰模型。在单跳干扰模型下,如果两个链路有公用节点,那么这两个链路在同一时槽不能同时活跃。例如,在图 4.1 中,链路 1 和链路 2 公用了节点 2,那么这两条链路就不能同时活跃。

$F=\{1,2,\cdots,K\}$ 表示网络中的 K 个网络流。对于一个网络流 f,$s(f)$ 表示其初始节点,$d(f)$ 表示其目的节点。用 $R_i^{(f)}(t)$ 表示一个网络流 f 在 t 这个时间点,从节点 i 进入网络的流量。注意当 i 节点不是 f 网络流的目的节点时,$R_i^{(f)}(t)=0$。为了使得网络流量的突发性不至趋于无穷大,假设在所有的时刻,$\sum_{f\in F} R_i^{(f)}(t) \leqslant R_i^{\max}$,可以为 $R_i^{\max}$ 选择一个足够大的值来允许相当程度的流量突发性。

$\mu_{mn}^{(f)}(t)$表示在 t 这个时槽内,网络流 f 经过链路(m,n)的数据包的个数。如果在 t 时槽 $\mu_{mn}^{(f)}(t)=1$,那么调度算法会在链路(m,n)上传输一个网络流 f 的数据包。网络中的每个节点都维护多个数据队列,每个网络流对应一个队列。用 $Q_i^{(f)}(t)$代表在 t 时刻,网络流 f 在节点 i 上的队列长度。注意,在网络流 f 的目的节点 $d(f)$,网络流 f 的队列长度一直为 0,也就是 $Q_{d(f)}^{(f)}=0$。从参考文献[43]中,网络中数据包队列的演化可以用下面的公式表示:

$$Q_i^{(f)}(t+1) \leqslant \max\left[Q_i^{(f)}(t) - \sum_{b\in\Gamma}\mu_{ib}^{(f)}(t), 0\right] + R_i^{(f)}(t) + \sum_{a\in\Gamma}\mu_{ib}^{(f)}(t) \tag{4.1}$$

一个网络被称为是稳定的,如果网络中所有节点上的数据包队列长度的和是有上限的,也就是说,

$$\limsup_{t\to\infty} \frac{1}{t}\sum_{t=0}^{t-1}\sum_{i\in\Gamma,\ f\in F} E\{Q_i^{(f)}(\tau)\} < \infty \tag{4.2}$$

对于一个数据到达率矢量,如果存在一个数据传输控制算法使得网络能到达稳定状态,也就是说使得式(4.2)成立,那么称这些数据到达率矢量在这个网络的容量空间内。这里用 Λ 表示一个网络的容量空间,也就是说,Λ 是具备上述性质的所有数据到达矢量的集合。

为了进行延迟区分,为每个网络流 $f\in F$ 安排一个延迟权重,用 $p^{(f)}$ 来表示。$p^{(f)}$ 越大,即表示这个网络应用需要越小的延迟。

4.3 CLC_DD

本节首先提出一个新的调度算法 MWN_DD(Maximum Weighted Matching with Delay Differentiation)。MWN_DD 通过对吞吐量最优的 MWM 算法进行扩展以实现延迟区分调度。注意一个单纯的调度算法无法进行全面的网络控制,当数据到达率大于网络能承受的上限的时候,无论什么样的调度算法都无法使网络保持稳定。因此,本节接下来提出了一种新的速率控制算法,用以控制数据进入网络的速率。结合 MWM_DD 和这个新的速率控制算法,提出了 CLC_DD 算法。然后对 CLC_DD 算法的性质进行了理论分析,证明了 CLC_DD 能够达到最大的网络效用。最后给出动态网络环境下的 O_CLC_DD 算法。

4.3.1 延迟区分的调度算法

这里首先用一个简单的仿真来说明目前跨层控制中吞吐量最优的 MWM 调度算法无法支持网络应用不同的延迟需求。在仿真之前,先简单介绍 MWM 调度算法。首先,每一个链路 $l=(m,n)$的数据包权重计算公式为

$$W_l^*(t) = \max_{f\in F}\{Q_m^{(f)}(t) - Q_n^{(f)}(t), 0\} \tag{4.3}$$

也就是说,对于这个链路上的每一个网络流 f,它的权重定义为链路初始节点 m 上的数据包的长度与链路终结节点 n 上数据包长度的差值。如果这个差值为负值,那么权重为 0。而链路的权重即为所有网络流权重中最大的那一个,这个网络流即为链路 l 上选定的网

络流。有了每条链路的权重之后，MWM 调度算法按照下面的公式决定每一个时槽 t 的可行链路调度集合 $\vec{S}^*(t)$：

$$\vec{S}^*(t) = \arg\max_{S\in\Phi}\sum_{l\in E} S_l W_l^*(t) \tag{4.4}$$

这里 $\boldsymbol{\Phi}$ 是所有可行调度集的集合。对于每个属于可行调度集的链路 $l=(m,n)$，MWM 为选定的网络流 f^*（即链路 l 上具有最大权重的网络流）传输一个从 m 到 n 的数据包。

接下来考虑如图 4.1 所示的包含四个节点的线性拓扑。在这个线性拓扑中设置三个从头到尾的网络流。对于每个网络流，数据包到达的过程设置为泊松过程，到达率设置为 0.165（通过预先的计算确保这个到达速率在网络的容量空间之内）。在这个仿真中，设置网络流 1 具有最大的延迟优先级，网络流 2 具有第二优先级别，而网络流 3 没有延迟要求。在 MWM 调度算法的控制下，三个网络流的端到端延迟如图 4.2 所示。结果表明三个网络流的延迟几乎相等。显然，MWM 算法不能满足网络流间不同的延迟需求。

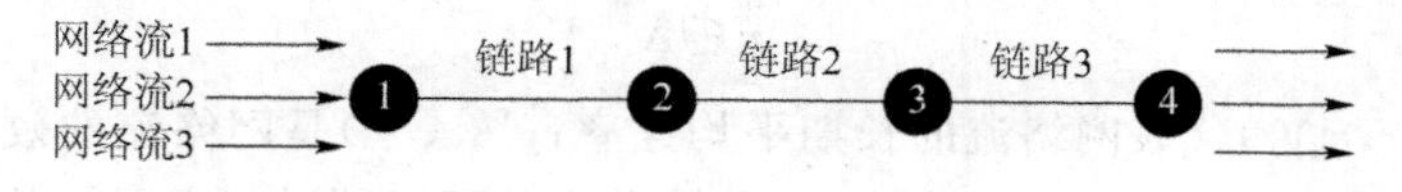

图 4.1　线性拓扑

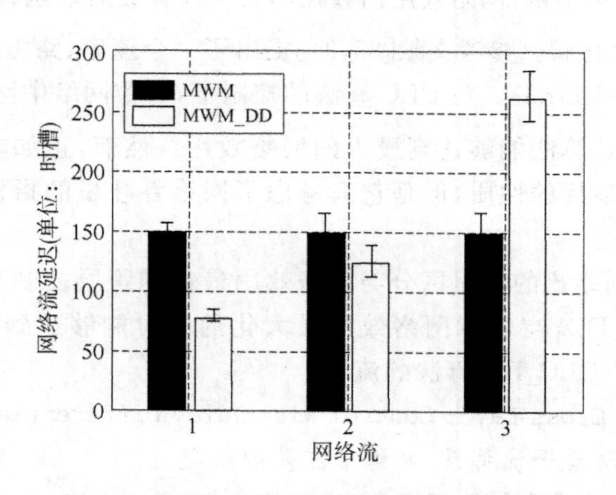

图 4.2　MWM_DD 实现网络流间延迟区分

为了保障高优先级应用的延迟，一个直观的思路是优先调度这些应用的数据包。下面修改式(4.3)来实现上述直观的想法：

$$W_l^*(t) = \max_{f\in F}\{p^{(f)}[Q_m^{(f)}(t) - Q_n^{(f)}(t)], 0\} \tag{4.5}$$

相比于式(4.3)，式(4.5)在确定链路权重的时候，把网络流的延迟权重结合了进来。式(4.5)和式(4.4)合在一起，称之为 MWM_DD。从式(4.5)中可以看出，当一个网络流的延迟权重 $p^{(f)}$ 越大，这个流的权重就越大，那么相应的这个流就更有可能被选中进行数据传输。下面把三个流的延迟权重设置为(3,2,1)，然后在 MWM_DD 的控制下进行仿真。仿真结果的端到端延迟在图 4.2 所示中给出。从图中可以看出，网络流 1 的延迟得到了极大降低，网络流 2 的延迟有所降低，而网络流 3 的延迟增加了不少。可见，MWM_DD 可以有效地实现网络流间的延迟区分。

上述仿真把网络流的到达率设置在了网络容量空间之内。在这种设置下，可以发现MWM_DD能够实现网络流间的延迟区分。而一个单独的调度算法并不能控制数据包的到达速率。那么如何同时控制外部数据进入网络的速率，使它能够落在网络的容量空间之内，是跨层控制需要解决的问题。研究表明，如果没有适当的速率控制机制，网络拥塞将不可避免，继而导致网络性能的大幅度降低[82]。下一节提出 CLC_DD 以进行网络速率、路由和调度的联合控制，在实现延迟区分的同时保持网络效用的最大化。

4.3.2 跨层控制算法

这里根据跨层控制研究中的惯例[82]，假设所有的网络流都具有无限的流量需求。在这个假设下，把网络效用最大化的问题 NUM(Network Utility Maximization)形式化为

$$\max_{\vec{r}} \sum_{f \in F} g^{(f)}(r_{s(f)}^{(f)}) \tag{4.6}$$

并使得
$$\vec{r} \in \Lambda \tag{4.7}$$

式中，$\vec{r}=(r_{s(1)}^{(1)},\cdots,r_{s(K)}^{(K)})$代表网络流的长期平均速率；$g^{(f)}(\cdot)$是网络流的效用函数。网络效用函数通常使用递增的凸函数，现有研究表明，这种函数可以同时体现网络总吞吐量和网络流间的公平性的要求。根据惯例，网络效用函数在本章中设置成对数函数，即 log(·)。用矢量 $\vec{r}^*$ 表示上述 NUM 的最优解。参考文献[82,94]提出了一个速率、路由和调度的联合算法(称之为 CLC,Cross-Layer Control)。在 CLC 算法的控制下，一个网络中网络流的速率被证明收敛于 $\vec{r}^*$，也就是说 CLC 算法能够达到最大的网络效用。然而，正如本章之前提到过的，虽然 CLC 具备网络效用最优的性质，但是它只考虑了网络吞吐量的指标，而没有考虑网络流在延迟方面的需求。

本章的目标是把网络流的延迟区分与网络效用最优的跨层控制算法结合起来，提出新的跨层控制算法 CLC_DD，在保障网络效用最大化的同时能够达到网络流间延迟区分效果。算法 4-1 中给出了 CLC_DD 算法的流程。

算法 4-1 CLC_DD Cross-Layer Control with Delay Differentiation

输入：网络拓扑、网络干扰关系、网络节点队列状况

输出：进入网络的速率和链路调度集合

1. 速率控制(Flow Control)部分：在每个时槽 t，对一个网络流 f，在的源节 $s(f)$ 点上的速率控制器往网络中注入的数据率为 $R_{s(f)}^{(f)}(t)$ 为下面优化问题的解：

$$\max_{\vec{r}} \sum_{f \in F} [Vg^{(f)}(r_{s(f)}^{(f)} - 2pQ_{s(f)}^{(f)} r_{s(f)}^{(f)})] \tag{4.8}$$

并使得
$$\vec{r} \geqslant 0, \sum_{f \in F} r_i^{(f)} \leqslant R_i^{\max} \tag{4.9}$$

这里 $p^{(f)}$ 为网络的延迟权重，V 为影响网络效用和网络队列间制衡关系的参数，其具体作用会在后文中介绍。

2. 路由(Routing)和调度(Scheduling)部分：使用 MWM_DD 算法，即使用公式(4.5)决定链路的权重，然后使用公式(4.4)决定每一时刻的调度链路集合。

从算法 4-1 中我们容易看出，CLC_DD 与 CLC 的区别主要在于延迟权重在网络速率控制和 MWM_DD 调度算法中的应用。这些区别虽然在形式上简单，但是会造成网络吞吐量

和延迟性能的极大的不同。在对 CLC_DD 的网络性能进行分析之前，首先定义一个重要参数，称之为延迟权优先级比率，用 θ 表示。θ 定义为一个网络里所有网络流中最大权重 p^{max} 与最小权重 p^{min} 的比值：

$$\theta \triangleq \frac{p^{max}}{p^{min}} \tag{4.10}$$

显然，θ 的大小体现了一个网络中延迟区分的力度，也就是说，θ 越大，网络流间延迟的差别就越大。现在给出本章的重要结果，即 CLC_DD 在网络效用和网络队列两方面的理论界限。

定理 1　CLC_DD 算法的平均队列长度和网络效用满足如下不等式：

$$\lim_{t\to\infty} \sup \frac{1}{\tau}\sum_{t=0}^{t-1}\sum_{i\in\Gamma,\ f\in F} E\{Q_i^{(f)}(\tau)\} \leqslant \frac{\theta B + VG_{max}}{2\mu_{sym}} \tag{4.11}$$

$$\lim_{t\to\infty} \inf \sum_{f\in F} g^{(f)}(\overline{r}_{s(f)}^{(f)}(t)) \geqslant \sum_{f\in F} g^{(f)}(r_{s(f)}^{*(f)}) - \frac{\theta B}{V} \tag{4.12}$$

这里 $\overline{r}_{s(f)}^{(f)}(t) \triangleq \frac{1}{t}\sum_{\tau=0}^{t-1} E\{r_{s(f)}^{(f)}(\tau)\}$ 是在 CLC_DD 算法的控制下，在时刻 t 时网络流 f 的吞吐量。$\vec{r}^{\,*} = (r_{s(f)}^{*(f)})$ 是(4.6)中 NUM 问题的最优解，μ_{sym} 是一个常量，它的意义会在定理 4.1的证明过程明确。B 和 G_{max} 为性能界限的两个重要常量参数，定义如下：

$$B \triangleq \sum_{i=1}^{N}[(R_i^{max} + \mu_{max,i}^{in})^2 + (\mu_{max,i}^{out})^2] \tag{4.13}$$

这里 $\mu_{max,j}^{out}$ 定义成一个节点 i 上传输出去流量的最大速率，有

$$\mu_{max,i}^{out} \triangleq \max_{\overline{S}\in\Phi} \sum_{b\in\Gamma,\ f\in F} \mu_{ib}^{(f)} \tag{4.14}$$

相应地，$\mu_{max,i}^{in}$ 是节点 i 上流入数据的最大速率，有

$$\mu_{max,i}^{in} \triangleq \max_{\overline{S}\in\Phi} \sum_{a\in\Gamma,\ f\in F} \mu_{ai}^{(f)} \tag{4.15}$$

G_{max} 定义如下：

$$G_{max} \triangleq \left\{ r_{s(f)}^{(f)} \,\middle|\, \sum_{f\in F}^{max} r_i^{(f)} \leqslant R_i^{max} \right\} \sum_{f\in F} g^{(f)}(r_{s(f)}^{(f)}) \tag{4.16}$$

证明：这里基于 Lyapunov 优化理论[43]证明定理 1。首先考虑下面的 Lyapunov 函数：

$$L(\vec{Q}(t)) \triangleq \sum_{i\in\Gamma,\ f\in F} p^{(f)}(Q_i^{(f)}(t))^2 \tag{4.17}$$

接着定义 Lyapunov drift 函数如下：

$$\Delta(\vec{Q}(t)) \triangleq E\{L(\vec{Q}(t+1)) - L(\vec{Q}(t)) \mid \vec{Q}(t)\} \tag{4.18}$$

和参考文献[43]中的方法类似，计算 Lyapunov drift 如下：

$$\Delta(\vec{Q}(t)) \leqslant p^{max}B - 2\sum_{i\in\Gamma,\ f\in F} p^{(f)}Q_i^{(f)}(t)E\left\{\left[\sum_{b\in\Gamma} u_{ib}^{(f)}(t) - \sum_{a\in\Gamma} u_{ai}^{(f)}(t) - R_i^{(f)}\right] \middle| \vec{Q}(t)\right\} \tag{4.19}$$

这里 B 的定义在式(4.13)中给出，对式(4.19)进行整理，可以得到：

$$\Delta(\vec{Q}(t)) - V\sum_{f\in F} E\left\{g^{(f)}(R_{s(f)}^{(f)}(t)) \mid \vec{Q}(t)\right\} \leqslant p^{max}B - \Psi_1(\vec{Q}(t)) - \Psi_2(\vec{Q}(t)) \tag{4.20}$$

这里

$$\Psi_1(\vec{Q}(t)) \triangleq E\left\{\sum_{f\in F} Vg^{(f)}(R_{s(f)}^{(f)}(t)) - 2\sum_{i\in\Gamma,\ f\in F} p^{(f)}Q_i^{(f)}R_i^{(f)}(t) \mid \vec{Q}(t)\right\} \tag{4.21}$$

$$\Psi_2(\vec{Q}(t)) \triangleq 2\sum_{i\in\Gamma,\ f\in F} p^{(f)}Q_i^{(f)}(t)\left[\sum_{b\in\Gamma}\mu_{ib}^{(f)}(t) - \sum_{a\in\Gamma}\mu_{ai}^{(f)}(t)\right] \tag{4.22}$$

注意 CLC_DD 算法中的速率控制部分其实是在最大化 $\Psi_1(\vec{Q}(t))$，而路由和调度部分其实是在最大化 $\Psi_2(\vec{Q}(t))$。这里用 $\vec{r}_\varepsilon^{\,*}=(r_{s(1)}^{(1)}(\varepsilon),\cdots,r_{s(K)}^{(K)}(\varepsilon))$表示(3.6)的在 $\vec{r}_\varepsilon\Lambda_\varepsilon$ 条件下的解，$\Lambda_\varepsilon\triangleq\{(r_{s(f)}^{(f)}\mid r_{s(f)}^{(f)}+\varepsilon)\in\Lambda\}$。结合式(4.21)和式(4.22)有

$$\Psi_1(\vec{Q}(t)) \geqslant \sum_{f\in F}[Vg^{(f)}(r_{s(f)}^{(f)}(\varepsilon)) - 2p^{(f)}Q_{s(f)}^{(f)}r_{s(f)}^{(f)}(\varepsilon)] \tag{4.23}$$

$$\Psi_2(\vec{Q}(t)) \geqslant 2\sum_{i\in\Gamma,\ f\in F} p^{(f)}Q_i^{(f)}(t)(r_i^{(f)}(\varepsilon)+\varepsilon) \tag{4.24}$$

把式(4.23)和式(4.24)带入到式(4.20)中，经过整理，可以得到

$$\Delta(\vec{Q}(t)) - V\sum_{f\in F}E\{g^{(f)}(R_{s(f)}^{(f)}(t))\mid\vec{Q}(t)\} \leqslant p^{\max}B - \sum_{f\in F}[Vg^{(f)}(r_{s(f)}^{(f)}(\varepsilon))] - 2\varepsilon\sum_{i\in\Gamma,\ f\in F}p^{(f)}Q_i^{(f)}(t) \leqslant p^{\max}B - \sum_{f\in F}[Vg^{(f)}(r_{s(f)}^{(f)}(\varepsilon))] - 2\varepsilon p^{\min}\sum_{i\in\Gamma,\ f\in F}Q_i^{(f)}(t) \tag{4.25}$$

结合式(4.25)和 Lyapunov 优化定理，可以得到

$$\lim_{t\to\infty}\sup\frac{1}{t}\sum_{\tau=0}^{t-1}\sum_{i\in\Gamma,\ f\in F}E\{Q_i^{(f)}(\tau)\} \leqslant \frac{p^{\max}B+VG_{\max}}{2\varepsilon p^{\min}} \tag{4.26}$$

$$\lim_{t\to\infty}\inf\sum_{f\in F}g^{(f)}(\overline{r}_{s(f)}^{(f)}(t)) \geqslant \sum_{f\in F}g^{(f)}(\overline{r}_{s(f)}^{(f)}(\varepsilon)) - \frac{p^{\max}B}{V} \tag{4.27}$$

为了简单起见，不失一般性地，这里我们设置延迟优先级的最小权重 $p^{\min}=1$，并且设置一个变量 μ_{sym}，使得 $0<\varepsilon\leqslant\mu_{\text{sym}}$，则有

$$\lim_{t\to\infty}\sup\frac{1}{t}\sum_{\tau=0}^{t-1}\sum_{i\in\Gamma,\ f\in F}E\{Q_i^{(f)}(\tau)\} \leqslant \frac{\theta B+VG_{\max}}{2\mu_{\text{sym}}} \tag{4.28}$$

到此我们证明了定理 4.1 中的队列界限。现在考虑网络效用界限，当 $\varepsilon\to0$ 时，$\overline{r}_{s(f)}^{(f)}(\varepsilon)\to r_{s(f)}^{*(f)}$。而式(4.27)在任意 $\varepsilon>0$ 的情况下都成立，因此我们有

$$\lim_{t\to\infty}\inf\sum_{f\in F}g^{(f)}(\overline{r}_{s(f)}^{(f)}(t)) \geqslant \sum_{f\in F}g^{(f)}(r_{s(f)}^{*(f)}) - \frac{\theta B}{V} \tag{4.29}$$

到此即证明了定理 4.1。

CLC_DD 算法说明 1：定理 4.1 证明了 CLC_DD 算法的网络效用最优性。注意定理 4.1对于所有 $V>0$ 都成立，那么对于任意 θ 值的延迟权重，可以通过设置一个足够大的 V，从而让$\frac{\theta B}{V}$的值足够小，这样，通过式(4.12)可以看出，CLC_DD 达到的网络效用将可以无限接近于最大的网络效用。实际上，可以通过 CLC_DD 与 CLC 机制的比较来更好地理解 CLC_DD 的网络效用最优性。众所周知，CLC 能达到最大的网络效用。下面用一种形象的方法来说明在 CLC_DD 下，网络流的速率与 CLC 下的速率相同，因此，CLC_DD 也能达到最大的网络效用。这里关注具有最大延迟权重的流，用 $f^{\max}$表示。从算法 4-1 可以知道，CLC_DD 与 CLC 的区别在于延迟权重在调度算法式(4.5)和速率控制式(4.8)中的应用。这里首先说明在调度中使用延迟权重的效果。在式(4.5)中，网络流 $f^{\max}$的权重乘以了其延

迟权重的参数 $p^{\max}$，那么调度算法将给予 $f^{\max}$ 更高的优先级别。因此，网络流 $f^{\max}$ 的数据包将会以更快的速度在网络中进行传输，那么在 $f^{\max}$ 初始节点 $S(f^{\max})$ 上的相应队列 $Q_{S(f^{\max})}^{f^{\max}}$ 与 CLC 控制下的队列相比会更小。这时，如果网络是在 CLC 的控制下，那么一个小的队列长度 $Q_{S(f^{\max})}^{f^{\max}}$ 会导致速率控制程序往网络中放入更多网络流 $f^{\max}$ 的数据。然而，在 CLC_DD 中，负责速率控制的式(4.8)也考虑了延迟权重的影响，在该公式里结合了 $p^{\max}$ 这个延迟权重来抑制网络流 $f^{\max}$ 速率过快的增长。那么，在这种抑制作用下，可以推测 CLC_DD 控制下网络流 $f^{\max}$ 的最终速率与 CLC 算法下的速率基本一致。把上述推理推广到所有网络流，可以预期所有网络流的速率与 CLC 控制下的速率也一致。因此，CLC_DD 会具备和 CLC 算法一样的网络效用最优性。对 CLC_DD 中各个部分的功能做一下小结：CLC_DD 算法的调度部分，也就是 MWM_DD 算法负责进行延迟区分，而 CLC_DD 算法的速率控制部分也相应地调整进入网络的速率，负责实现网络效用的最大化。

CLC_DD 算法说明 2：现在分析网络中重要性能指标间的权衡关系。从式(4.11)和式(4.12)中可以发现，CLC_DD 算法可以在网络效用和网络平均延迟间达到 $\left[O\left(\frac{\theta}{V}\right), O(\theta+V)\right]$ 的制衡关系。下面对这种关系进行更详细的说明。

假设一个网络流集合的延迟权重优先级比率为 θ_1，下一步提高最大的延迟权重 $p^{\max}$ 的值，使延迟权重比率变为一个更大的值 θ_2（即 $\theta_2 > \theta_1$）。在这种延迟权重的改变后，可以预期的是具有最高延迟权重的网络流 $f_{\max}$ 的延迟将会有更大程度的降低（第 4.5 节中的仿真结果也验证了这一点）。从式(4.12)中，可以知道一个更大的延迟比率 θ_2 也将会降低网络效用的下界。然而，为了保持网络效用不变，可以通过把参数 V 乘以 $\frac{\theta_2}{\theta_1}$。从式(4.12)中，这种调整能够保持网络效用的界限不变。

现在分析上述 θ 和 V 的变化对网络中网络流延迟的影响。从式(4.11)，可以知道 θ 和 V 的提高会导致网络队列上限的提高。根据排队论中的 little 定理，所有网络流的平均延迟也会增加。那么可以发现，CLC_DD 在降低高优先级网络流的延迟的同时造成了所有网络流平均延迟的增加，也就是说，造成了低权重网络流延迟的提高。从这个角度来说，CLC_DD 可以在不损失网络效用的前提下在网络流间分配延迟。重要的是，在第 4.5 节的仿真结果中，会发现 CLC_DD 下低优先级网络流延迟增加这个负面效应并不明显。

4.4 延迟区分分析

现在分析所提出算法的延迟区分效果。首先，从只有一个链路的简单网络拓扑出发，在平稳流模型(Fluid traffic model)下建立 MWM_DD 算法与排队论中经典的时间相关优先队列(TDP，Time-Dependent Priority)间的关系。在 TDP 中，一个数据包的优先级随着数据包等待的等待时间呈线性增长。对于网络流 f 的一个数据包，假设其在时间点 τ 到达，那么在 t 时刻，该数据包的优先级 $q^{(f)}(t)$ 按照以下方式计算：

$$q^{(f)}(t) = (t-\tau)b^{(f)} \tag{4.30}$$

这里，$b^{(f)}$ 是网络流 f 的数据包优先级随着时间增长的系数。通常，高优先级的数据流具备更大的权重参数。在 TDP 队列中，具有最高瞬时优先级的数据包会获得服务。Dovrolis 等在参考文献[32]中证明了当队列的利用率 ρ 趋于 1 的时候，TDP 调度能够达到线性延迟区分：

$$\frac{\overline{d}_{\mathrm{TDP}}^{(i)}}{\overline{d}_{\mathrm{TDP}}^{(j)}} \rightarrow \frac{b^{(j)}}{b^{(i)}} \quad as \quad \rho \rightarrow 1 \tag{4.31}$$

式中，$\overline{d}_{\mathrm{TDP}}^{(i)}$是在 TDP 调度下，网络流 i 的平均延迟。接下来，会发现 MWM_DD 实际上是 TDP 算法。考虑一个链路 $l=(m,n)$，让 $F=\{1,2,\cdots,K\}$表示从 m 到 n 的网络流集合。对于每个网络流 $f\in F$，它的延迟优先级别是 $p^{(f)}$。对于这个单个链路的场景，对于任何一个网络流 f，因为在链路终端节点上的队列为 0，也就是 $Q_n^{(f)}=0$，那么 MWM_DD 会调度具有最大带权重队列长度的队列。具体来说，MWM_DD 会选择网络流 f^* 的排头数据包(Head-of-line packet)进行传输，这里 f^* 通过下面的公式决定：

$$f^* = \arg\max_{f\in F} p^{(f)} Q_m^{(f)} \tag{4.32}$$

考虑在任意一个时间槽 t 上，网络流 f 上的排头数据包为 C^f。假设 C_f 的到达时间为 τ，网络流 f 的平均到达率为 $\overline{r}^{(f)}$，那么在 t 时刻，m 节点上的队列长度 $Q_m^{(f)}$ 为

$$Q_m^{(f)} = (t-\tau)\overline{r}^{(f)} \tag{4.33}$$

注意，为了得到式(4.33)，上述推导过程隐含假设了数据包的到达过程是平稳的。虽然在实际网络中，数据包的到达时间可能为任意的非平稳的随机过程，但很多研究表明，在网络处于较重负载的情况下，平稳流模型在无线网络稳定性和延迟分析中是一个很有效的近似[59]。更重要的是，第 4.5 节的仿真结果也验证了平稳流假设的有效性。现在计算排头数据包 C^f 在时间 t 时刻的优先级为

$$q^{(f)}(t) = p^{(f)} Q_m^{(f)}(t) = p^{(f)}(t-\tau)\overline{r}^{(f)} = (t-\tau)p^{(f)}\overline{r}^{(f)} \tag{4.34}$$

对比式(4.34)和式(4.30)，可以很明显地看出 WMW_DD 实际上是 TDP 调度算法。在 MWM_DD 中，数据包瞬时优先级的线性增长系数实际上是

$$b^{(f)} = p^{(f)}\overline{r}^{(f)} \tag{4.35}$$

把式(4.35)带入到式(4.30)中，就可以得到 MWM_DD 调度算法下网络流延迟间的比率关系

$$\frac{\overline{d}_{\mathrm{MWM\_DD}}^{i}}{\overline{d}_{\mathrm{MWM\_DD}}^{j}} = \frac{p^{(j)}\overline{r}^{(j)}}{p^{(i)}\overline{r}^{(i)}} \quad as \quad \rho \rightarrow 1 \tag{4.36}$$

讨论：现在分析 CLC_DD 在延迟区分方面的效果，目的在于说明 CLC_DD 也能达到网络流间的线性延迟区分，也就是说，对于任意两个具有相同初始节点和终结节点的网络流(网络流 i 和网络流 j)，其平均端到端延迟(分别用 $\overline{d}^{(i)}$ 和 $\overline{d}^{(j)}$ 表示)需要满足线性延迟区分，即满足如下公式

$$\frac{\overline{d}^{(i)}}{\overline{d}^{(j)}} \rightarrow \frac{p^{(j)}}{p^{(i)}} \tag{4.37}$$

对比式(4.37)和式(4.36)，可以发现为了使式(4.37)成立，需要解决两个问题。第一个是需要让网络利用率趋近于 1，即 $\rho\rightarrow 1$。定理 4.1 证明了，CLC_DD 能够利用全部的网络容量空间，因此可以保障网络利用率趋近于 1；第二个需要满足的条件是对于具有相同初始和终结节点的网络流 i 和网络流 j，其平均吞吐量需要相等，即要求 $\overline{r}^{(i)}=\overline{r}^{(j)}$。在跨层控制中，通常为每个网络流设置同样的效用函数(在一般的参考文献中，效用函数都设置成 $g(\cdot)=\log(\cdot)$)。在这种情况下，具有相同初始节点和终结节点的网络流将具有相同的吞吐量，第 4.5 节中的仿真

结果也验证了这一点。基于以上说明，可以预测式(4.40)是成立的，也就是说，CLC_DD 能够实现线性延迟区分。需要说明的是，上述说明并不是一个严格的证明过程，而是一个对试验中观察到的现象的解释说明过程。众所周知，在多跳无线网络中(Queueing Networks)进行严格的延迟分析是一个至今未解决的开放问题，只有在一些具有特别形式的网络(Product-form Networks)中，端到端的延迟才有闭合形式的表达。然而即使存在这方面的限制，在后续的仿真结果中可以清楚地看到，在 CLC_DD 的控制下，端到端延迟的线性区分在多跳无线网络中是成立的。

4.5　仿真结果

本节通过大量的仿真以验证所提出的跨层控制算法的效果。首先在 4.5.1 和 4.5.2 中验证 CLC_DD 能够达到最大的网络效用，同时能够实现网络流间延迟的线性区分。接下来在 4.5.3 节中比较 CLC_DD 算法和参考文献[50]中所提的 CLC_OOD 算法和参考文献[131]中提出的 SD 算法。最后，在动态网络环境中加上 O_CLC_DD 算法进行性能比较。根据跨层控制中的通常设置，在下面的仿真中假设每个流的流量需求都是无限的，并且网络节点的缓存也是无限大的。每个源节点上的速率控制组件控制网络流量进入网络的速率。在仿真中设置 $R_i^{\max}=10, V=30$。对于每一组设置都重复运行 10 次仿真，每个仿真的运行时间为 10^6 个时槽，然后给出平均结果和置信区间。在所有的仿真中，网络效用函数设置为对数函数 log(·)。

4.5.1　线性拓扑下的仿真

首先在一个简单的拓扑下进行仿真，以更方便地理解 CLC_DD 的效果。考虑图 4.1 所示中的线性拓扑，在这个拓扑中，设置两个初始节点为 1，目的节点为 4 的网络流，两个网络流的延迟权重设置为$(1,\theta)$。在仿真中不断改变 θ 的值，然后在表 4.1 中给出仿真结果，其中 $\overline{d}^{(f)}$ 代表网络流 f 的端到端延迟，$\overline{r}^{(f)}$ 代表网络流 f 的平均吞吐量。从表中容易看出，随着 θ 的增长，具有高优先级的网络流 2 的端到端延迟不断减小。另外，可以发现在所有的 θ 的设置下，两个网络流延迟的比率$\dfrac{\overline{d}^{(1)}}{\overline{d}^{(2)}}$都非常接近于 θ，也就是说，网络流间的延迟能够按照预定的参数实现线性区分。

从表 4.1 中，还可以发现另外一个值得关注的现象：具有高优先级的网络流 2 的延迟减少是相当显著的，而低优先级的网络流 1 的延迟的增加却比较有限。从表面看来，这个现象似乎违反了排队论中的“平衡法则”(Conservation Law)：在一个具有多个队列的排队系统中，通过对调度次序的调整，可以降低一些队列的延迟，但同时也将会相应程度地提高另外一些队列的延迟，也就是说，延迟的提高和降低应该是同幅度的(Even Trade)。然而经过分析可以发现，这里的仿真结果与平衡法则并不冲突。我们知道，排队论中的平衡法则是在网络到达过程不变这一前提下得出的，而在 CLC_DD 算法中，源节点上的网络速率控制组件会根据网络中队列状况的改变而对进入网络的数据包速率进行调整，因此在不同的 θ 值下，数据包到达过程并不相同，那么平衡法则在这里也就并不适用，即该仿真现象并不与平衡法则冲突。

表 4.1　线性拓扑下的网络流延迟和吞吐量

Algorithm performance	$\overline{d}^{(1)}$	$\overline{d}^{(2)}$	$\frac{\overline{d}^{(1)}}{\overline{d}^{(2)}}$	$\overline{r}^{(1)}$	$\overline{r}^{(2)}$	Total network utility
CLC	720.62	720.61	1	0.24997	0.249969	−2.772832
CLC_DD $\theta=5$	732.16	143.51	5.1	0.248364	0.251599	−2.772778
CLC_DD $\theta=10$	737.09	72.23	10.2	0.248191	0.251774	−2.772780
CLC_DD $\theta=30$	739.84	24.85	29.8	0.247669	0.252298	−2.772806

4.5.2　随机网络拓扑下的仿真结果

本小节的仿真使用如图 4.3 所示的更大的拓扑，并且设置了更多具有不同源节点和目的节点的网络流，通过这样的设置以分析不同路径网络流间的相互影响。首先地选择三组源—目的节点对，包括(0,8)，(2,9)和(4,7)。对于第一个源—目的节点对设置两个流，并设置它们的延迟权重分别为(1,2)；对于第二个源—目的节点对设置两个网络流，其延迟权重分别为(1,3)；对于第三个源—目的节点对设置三个网络流，其延迟权重分别为(1,4,5)。在这种设置下的仿真结果如

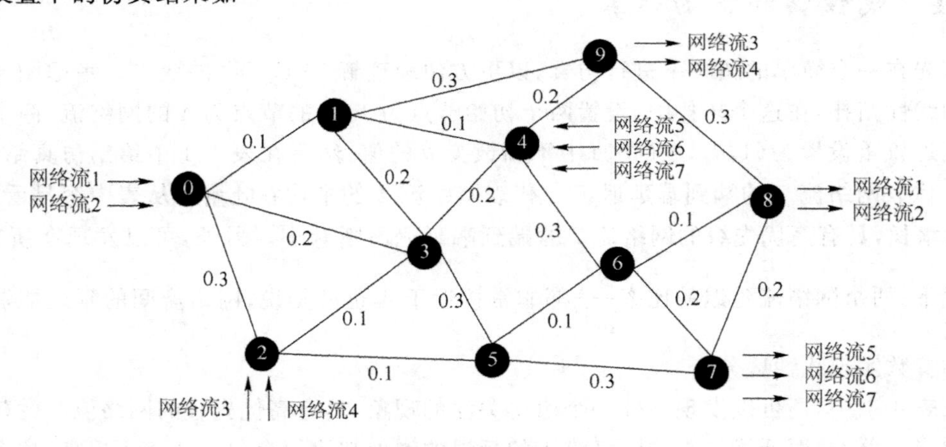

图 4.3　随机拓扑

表 4.2 和表 4.3 所示。表 4.2 所示中给出了各个网络流的端到端延迟，表 4.3 所示的是各个网络流平均吞吐量。从表 4.2 所示中，可以发现$\frac{\overline{d}^{(1)}}{\overline{d}^{(2)}}\approx 2$，$\frac{\overline{d}^{(3)}}{\overline{d}^{(4)}}\approx 3$，$\frac{\overline{d}^{(5)}}{\overline{d}^{(6)}}\approx 4$，$\frac{\overline{d}^{(5)}}{\overline{d}^{(7)}}\approx 5$，即说明 CLC_DD 在多个不同路径网络流互相影响的情况下仍然能够实现同路径网络流间的延迟线性区分。从表 4.3 所示中可以发现，同路径网络流间的平均吞吐量几乎相等。

表 4.2　存在不同路径网络流时的延迟结果

Algorithm performance	$\overline{d}^{(1)}$	$\overline{d}^{(2)}$	$\overline{d}^{(3)}$	$\overline{d}^{(4)}$	$\overline{d}^{(5)}$	$\overline{d}^{(6)}$	$\overline{d}^{(7)}$	$\frac{\overline{d}^{(1)}}{\overline{d}^{(2)}}$	$\frac{\overline{d}^{(3)}}{\overline{d}^{(4)}}$	$\frac{\overline{d}^{(5)}}{\overline{d}^{(6)}}$	$\frac{\overline{d}^{(5)}}{\overline{d}^{(7)}}$
CLC_DD	1088.8	551.1	650.8	208.4	645.9	167.8	126.3	1.98	3.12	3.85	5.11

表 4.3　存在不同路径网络流时吞吐量结果

Algorithm performance	$\overline{r}^{(1)}$	$\overline{r}^{(2)}$	$\overline{r}^{(3)}$	$\overline{r}^{(4)}$	$\overline{r}^{(5)}$	$\overline{r}^{(6)}$	$\overline{r}^{(7)}$
CLC_DD	0.1499	0.1565	0.2506	0.2649	0.1984	0.1923	0.2046

接下来随机地选取 100 种网络设置。对于每一个网络设置选取三组节点(源节点—目的节点)对,对于每个节点对按照上一段的模式来设置网络流,即第一个和第二个源目的设置两个网络流,第三个源目的节点设置 3 个网络流。网络流的延迟权重设置也和上一段的设置一样。表 4.4 和图 4.4 所示的是从上述 100 种不同设置下的仿真结果计算出来的网络流间延迟比率和整体网络效用。可以发现,虽然在网络流间的延迟比率在不同的网络设置下存在一些波动,但总的来说延迟比率是和网络流的延迟权重的设置呈线性关系的。在网络效用最大化方面,图 4.4 比较了 CLC_DD 算法和 CLC 算法分别达到的网络效用。从图中可以看出,在所有的 100 种网络设置下,CLC_DD 算法达到的网络效用与 CLC 算法的网络效用大致相等。因为 CLC 算法的网络效用是最大网络效用,那么这个仿真结果就证实了 4.2 节中的理论结果,CLC_DD 算法也能达到最大的网络效用。

表 4.4　100 个仿真的平均延迟比率

	$\frac{\overline{d}^{(1)}}{\overline{d}^{(2)}}$	$\frac{\overline{d}^{(3)}}{\overline{d}^{(4)}}$	$\frac{\overline{d}^{(5)}}{\overline{d}^{(6)}}$	$\frac{\overline{d}^{(5)}}{\overline{d}^{(7)}}$
Average	1.9325	2.9321	3.9924	5.1379
Standard derivation	0.2178	0.3811	0.449	0.5053

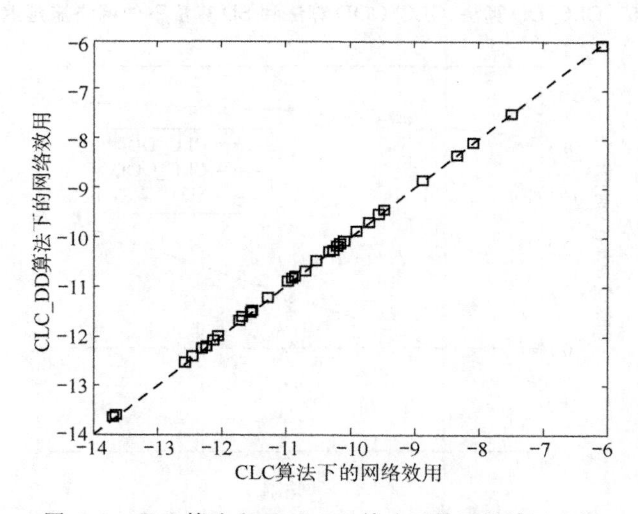

图 4.4　CLC 算法和 CLC_DD 算法下的网络效用比较

4.5.3 多种算法性能比较

现在比较 CLC_DD 算法和参考文献[50]中所提的 CLC_DD 算法和参考文献[131]中提出的 SD 算法的网络性能。在上文中介绍过，CLC_OOD 算法对每个网络流，都能达到和网络流的跳数同阶的延迟。CLC_OOD 算法采用了一个基于窗口的速率调节机制，通过调整窗口 W，CLC_OOD 算法可以实现网络吞吐量和延迟的权衡。但是研究表明，不管窗口 W 的值如何设置，CLC_OOD 算法最多只能利用一半的网络容量空间。SD 算法采用了一种更严格的机制来保障高优先级业务的延迟：只有网络现存的高优先级业务的数据包都已经得到调度的情况下，SD 算法才会调度低优先级业务的数据包。下面的仿真把 CLC_OOD 算法的窗口值设置为 $W=5$，SD 算法和 CLC_DD 算法下网络流的延迟权重都设置为(1,3,6)。这里仍然采用如图 4.3 所示中的网络拓扑，选择(0,8)作为源—目的节点，并在其上设置了三条网络流。另外，因为 CLC_OOD 算法和 SD 算法都需要固定的传输路径，所以为这三个网络流选定了 0→1→9→8 这条固定路由。仿真结果如图 4.5 和图 4.6 所示。

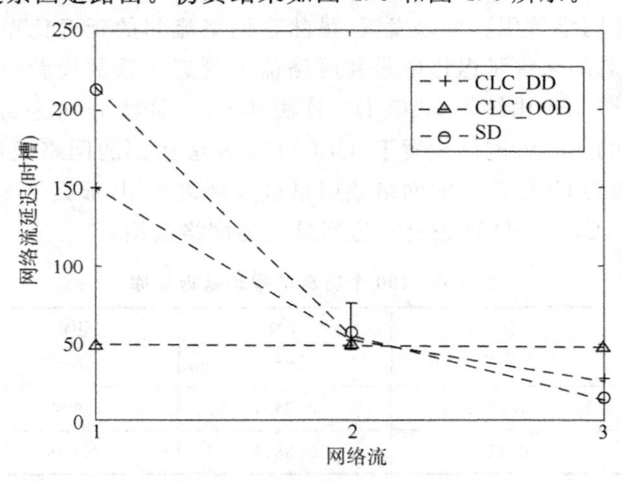

图 4.5 CLC_DD 算法、CLC_OOD 算法和 SD 算法下的网络流延迟比较

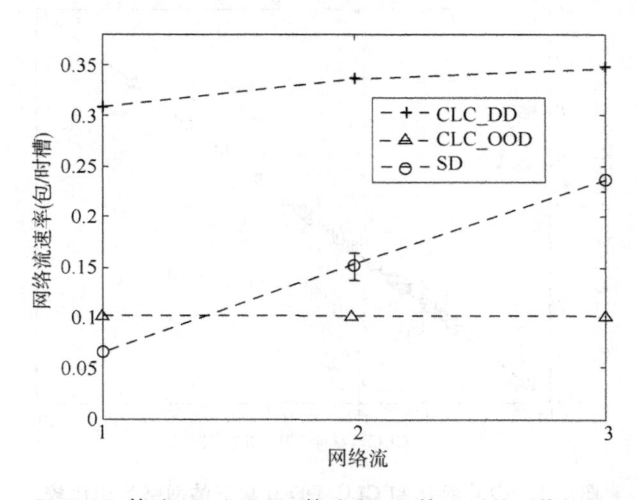

图 4.6 CLC_DD 算法、CLC_OOD 算法和 SD 算法下的网络流吞吐量比较

从结果图中可以发现，CLC_DD 能达到最大的网络整体吞吐量：CLC_DD 算法的吞吐量大约是 CLC_OOD 算法吞吐量的 200%，大约是 SD 算法吞吐量的 300%。在延迟指标方面，CLC_OOD 算法保障了所有这三个网络流的低延迟。SD 算法和 CLC_DD 算法都能达到延迟区分效果。重要的是，对于最优先的网络流 3，这两个算法下的网络流延迟都低于 CLC_OOD 算法，也就是说 CLC_DD 算法能够达到与网络跳数同阶的延迟。另外，我们发现 CLC_DD 算法能够保障延迟区分是线性的，而 SD 算法的延迟区分效果没有定量的刻画。如果我们采用网络流 3 的延迟作为基准，那么在 CLC_DD 算法下，网络流 1 的线性延迟区分的误差为 6.9%，而 SD 算法为 61.2%。在图中也可以发现 SD 算法的延迟波动远大于 CLC_DD 算法。

4.6　本章小结

本章提出一种创新的跨层控制算法——CLC_DD 算法。理论分析和仿真实验表明，CLC_DD 算法可以在保障网络效用最大化的同时实现网络流间延迟的线性区分，从而满足高优先级业务的延迟需求。本书的工作是通过一种“尽力而为”式的方法来处理网络应用的延迟需求。在未来的工作中，一个有意义的研究方向是如何在保障网络效用最大化的同时满足特定网络应用的严格延迟需求。

第5章　基于跨层控制的多AP分流机制研究

5.1 概　述

目前,集中式的无线网络已经广泛部署在公司办公楼和大学校园等环境。和Ad Hoc和Mesh网络不同,集中式网络具有一个网络控制器,该网络控制器负责对网络中的无线接入点(AP,Access Point)进行频率分配、功率控制和传输协调等相关的管理。在集中式网络中,虽然数据的无线传输只有一跳,但链路间的干扰关系和数据传输的冲突关系与Ad Hoc和Mesh网络类似,因此集中式网络通常也被归类为多跳无线网络[111]。为了扩大覆盖范围并支持较高的网络吞吐量,集中式网络通常具有较高的AP密度。这种高密度的AP就形成了多AP分集。所谓多AP分集(Multi-AP diversity),指的是无线客户端节点处于多个AP的覆盖范围内,这样无线客户端节点存在多条潜在的数据传输路径。

在学术界,已经有很多工作关注如何利用多AP分集来提高无线网络性能。其中,参考文献[147,86]中研究了利用多AP分集的一种简单方法:当多个AP都接收到客户端传输的同一个数据包副本时,从这多个副本中选择一个传输正确的数据包,或者使用多个残缺的副本合成一个正确的数据包。另外的一些工作如参考文献[128,91]研究在多个可用网络路径间灵活地分流数据包的方法,以进一步地利用多AP分集。参考文献[128]中提出了一种Round Robin的方法。Round Robin在多个AP间轮换地分流数据包。参考文献[86]提出一种叫作Divert的分流策略。Divert在当前使用的接入节点与客户端间的链路质量变差时,即在其他可用的网络接入节点中随机地选择一个使用。然而这些数据包分流策略都是基于启发式的想法,因此不能保证以最优的方式利用AP分集。参考文献[1]中提出使用集中式调度的方法来利用网络中的多AP分集。然而,该工作的重点在于描述多AP分集的潜力以及利用这些潜力面临的技术挑战,而并没有提出具体的解决方案。

我们知道,跨层控制采用了一种自上而下的设计思路,在理论上能以最优的方式来利用网络中的所有可能路径进行数据传输,从而达到最大的网络效用[82,94],也即可以在最大程度上利用多AP分集的潜力。然而,跨层控制作为从理论出发而设计的数据传输控制机制,在实际应用时面临很多挑战。其中最重要的是跨层控制需要知道网络的全局信息(例如需要知道网络的干扰图和网络中所有节点上每个业务流的队列长度等),并根据全局信息在特定的网络实体上进行集中式的计算。如何结合网络本身特点,使提出的兼顾延迟与网络效用的数据传输跨层控制可以在网络中得到部署和应用,以尽可能地利用多AP分集的潜力,是本书工作的第三个研究内容:基于跨层控制的集中式无线网络多AP分流机制研究。

本章对跨层控制进行适应性的修改,使其能够在集中式网络中得到实际应用,以更充分地利用 AP 分集的潜力。本章工作发现,相比于其他多跳无线网络,集中式网络在利用跨层控制方面具备一些天然的优势。首先,在集中式网络中,获取网络干扰图相对比较方便。参考文献[111,3,2]中提出了获取集中式网络干扰图的干扰测量方法,本章也会利用这些方法获取干扰图。其次,由于集中式网络存在网络控制器,因此比较方便进行集中式调度。然而,除了这些优势,在集中式网络中利用跨层控制也存在一些困难和技术挑战。第一个问题就是在网络中使用的 IEEE 802.11 协议采用了单链接(Single Association)架构。在这种架构下,每个客户端只关联一个网络接入节点,所有数据包都通过这个网络接入节点发送或接收。为了利用多 AP 分集带来的多路径传输的优势,首先必须移除这个限制。另外,一个更重要的问题由集中式网络的有线/无线混合场景引起。在集中式网络中,数据包一般都会在网络接入节点上排队,而网络接入节点使用分布式随机的方法来竞争网络资源。这样,节点获得传输的机会是随机的。而在跨层控制的调度策略中,每个时间槽内进行传输的节点是需要精确确定的,而不能是随机的。

为了解决以上问题,本章首先移除 IEEE 802.11 网络系统中单链接限制,接着扩展现有干扰测量方法,以获取包含已链接链路和未链接链路的整个网络的干扰图。然后提出“队列提前”的机制来处理集中式网络下有线/无线混合环境带来的困难。最后提出一种“AP 反馈”机制以同步跨层控制的每次调度。把这些与兼顾延迟与网络效用的跨层控制结合到一起,本章设计能够在集中式网络中利用多 AP 分集的机制 TBCS。TBCS 能够最大程度地利用多 AP 分集的潜力,并且 TBCS 不需要对客户端节点进行任何修改,因此可以更容易地部署。

本书工作在 NS-2 中实现 TBCS,并通过大量的仿真来验证 TBCS 的效果。仿真结果表明,相比于之前的工作[128,91],TBCS 能在很大程度上提高网络性能。据笔者所知,TBCS 是第一个在集中式网络的场景中利用理论最优的跨层控制的工作。

本章下面的工作组织如下:第 5.2 节指出多 AP 分集的潜力;第 5.3 节提出 TBCS 的设计方法;第 5.4 节通过 NS-2 仿真验证 TBCS 的效果;第 5.5 节总结本章工作。

5.2　多 AP 分集的潜力

现在通过一个简单例子来说明多 AP 分集的潜力。图 5.1 所示的网络拓扑包含了四个 AP 和三个无线客户端,这里用 AP_i 表示第 i 个 AP;用 n_j 表示第 j 个无线客户端;如果一个客户端在一个 AP 的传输范围内,就称这个客户端与该 AP 间存在一个链路,用 l_k 代表第 k 个链路。在这个例子中,通过对 AP 和客户端节点拓扑位置的设置,使客户端 n_2 在两个网络接入点 AP_2 和 AP_3 的传输范围之内。如果两个链路不能同时传输,就称这两个链路间是互相干扰的[3,2]。在图 5.1 所示中的拓扑中,链路 l_1 和链路 l_2 互相干扰,链路 l_3 和链路 l_4 互相干扰,此外,链路 l_2 和链路 l_3 显然相互干扰。

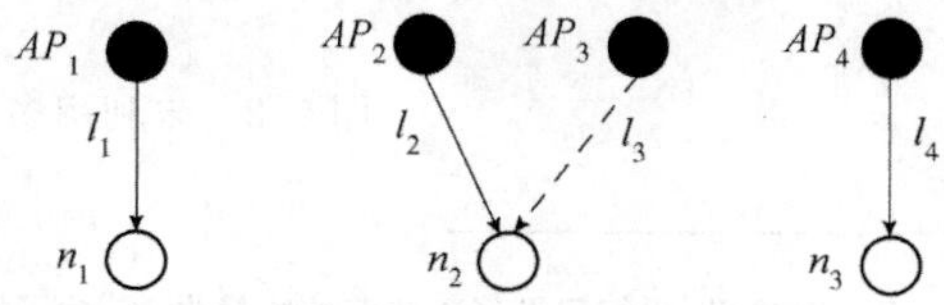

图 5.1　具有多 AP 分集的简单拓扑

我们知道,基于 IEEE 802.11 的无线网络采用了单链接的架构,也就是说,每个客户端只与一个网络接入点链接,该客户端上所有数据的发送和接收都需要通过这个网络接入点。不失一般性地，在这个例子中，让客户端 n_2 与网络接入点 AP_2 链接。现在分析这种单链接架构下的网络容量空间，用 T_1, T_2, T_3 分别代表三个无线客户端 n_1, n_2, n_3 的吞吐量。在网络链路容量限制①和链路间干扰限制(例如：链路 1 和链路 2 存在干扰，不能同时传输)条件下，可行吞吐量矢量 $\{\boldsymbol{T}_1, \boldsymbol{T}_2, \boldsymbol{T}_3\}$ 需要满足以下不等式：

$$\begin{cases} 0 \leqslant \boldsymbol{T}_1, \boldsymbol{T}_2, \boldsymbol{T}_3 \leqslant 1 \\ 0 \leqslant \boldsymbol{T}_1 + \boldsymbol{T}_2 \leqslant 1 \end{cases} \tag{5.1}$$

而如果解除单链接的限制，让处于客户端节点 n_2 传输半径内的两个网络接入节点 AP_2 和 AP_3 都可以向其传输数据包，那么这种状况下可行吞吐量矢量即由下面的不等式决定：

$$\begin{cases} 0 \leqslant \boldsymbol{T}_1, \boldsymbol{T}_2, \boldsymbol{T}_3 \leqslant 1 \\ \boldsymbol{T}_2 \leqslant (1 - \boldsymbol{T}_1) + (1 - \boldsymbol{T}_3) = 2 - \boldsymbol{T}_1 - \boldsymbol{T}_3 \end{cases} \tag{5.2}$$

在使用式(5.1)和式(5.2)决定了两种状况下的吞吐量矢量之后，我们在图 5.2 和图 5.3中分别给出两种情况下的网络容量空间(即所有可能的吞吐量矢量 $\{\boldsymbol{T}_1, \boldsymbol{T}_2, \boldsymbol{T}_3\}$)。显然，利用了多 AP 分集后的网络容量空间(如图 5.3 所示)远大于未利用多 AP 分集时的网络容量空间(如图 5.2 所示)。定量来说，图 5.3 所示中的容量空间的体积是图 5.2 所示中容量空间体积的 5/3。下面用一个具体例子来更清楚地说明两者的差异。例如 $\{\boldsymbol{T}_1 = 0.5, \boldsymbol{T}_2 = 0.8, \boldsymbol{T}_3 = 0.5\}$ 这个吞吐量矢量在不利用多 AP 分集的情况下是不能被满足的。因为在这个吞吐量矢量里，客户端 n_1 吞吐量需求 $\boldsymbol{T}_1$ 和客户端 n_2 吞吐量需求 $\boldsymbol{T}_2$ 的和是大于 1 的，而在图 5.1 所示的网络中，链路 l_1 和链路 l_2 互相干扰，即要求 $\boldsymbol{T}_1 + \boldsymbol{T}_2 < 1$。因此，上述这个吞吐量矢量无法满足。而另一方面，如果合理地利用多 AP 分集的潜力，让 AP_2 和 AP_3 都可以往客户端 n_2 传输数据包，那么上述吞吐量需求矢量是可以被满足的。具体来说，可以把 n_2 上的负载分配如下：把 0.4 的流量分配到链路 l_2 上，再把剩余 0.4 的流量分配到链路 l_3 上。因为链路 l_1 和链路 l_3 能够同时传输，而链路 l_2 和链路 l_4 能够同时传输，那么显然这种分配能够使吞吐量需求 $\{T_1 = 0.5, T_2 = 0.8, T_3 = 0.5\}$ 得到满足。

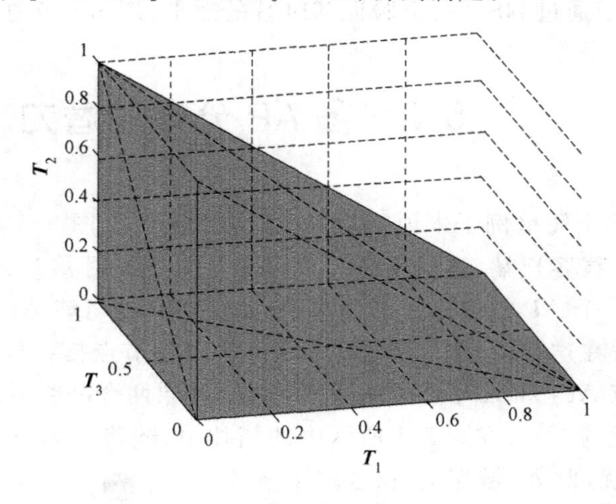

图 5.2 未利用多 AP 分集时的网络容量空间

---

① 在这里，我们假设每条链路的容量为 1。为了简单起见，在这里我们省略了一些数据传输控制的花销，比如控制信令的开销，以及资源竞争时的退避时间开销。在 5.4 节中的仿真中，我们会考虑这些额外开销的影响。

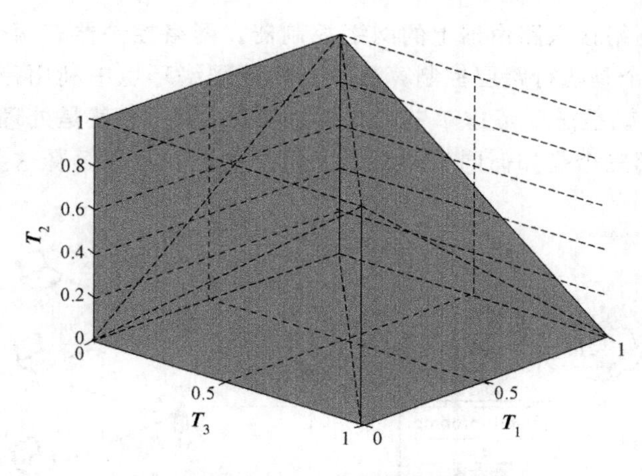

图 5.3　利用多 AP 分集时的网络容量空间

跨层控制在参考文献[123]中第一次提出，并且被证明能支持最大的网络容量空间。因此，跨层控制在理论上能最充分地利用多 AP 分集的潜力。虽然本书 4.2 节介绍过跨层控制的模型，但这里结合集中式网络的特点，重新描述一下跨层控制，以更好地理解本章技术内容。这里用一个图$\{V,E,I\}$代表一个无线网络，其中 V 是无线节点的集合，E 是无线链路的集合，I 是网络链路间的干扰关系矩阵。如果两个链路 l_i 和 l_j 之间存在干扰，那么 $I(i,j)=1$，否则 $I(i,j)=0$。在每个时槽的开始，跨层控制根据下面的公式选取一个可行调度链路集：

$$M^* = \max_{M\in \boldsymbol{M}_E} \sum_{l\in E} q_l \times M(l) \tag{5.3}$$

式中，q_l 是链路 l 上的积压队列；M 是一个极大可行链路调度集，也就是说，所有在 M 中的链路都可以同时传输，但如果再往 M 中添加任何链路，都会造成链路间的干扰，使得 M 不可行。这里 M 用一个属于$\{0,1\}^{|E|}$里的矢量表示。如果链路 l 处于可行集 M 中，那么 $M(l)$ 即为 1，否则为 0；$\boldsymbol{M}_E$ 表示所有可行调度矢量的集合。

式(5.3)也被称为最大权重调度方法(maximal Weighted Scheduling，MWS)[82,94]。可以看出，MWS 相当于在一个干扰图的所有链路集合中找到带权重的最大独立集，而最大权重独立集的计算复杂性是 NP 的。为了避免 MWS 中的计算复杂性，学术界提出了一个简单的调度策略——贪心调度算法(Greedy Maximal Scheduling，GMS)。GMS 的思路大致为：在每个调度时槽的开始，选择一个具有最大队列长度的链路，这里用 l 表示；然后把所有与链路 l 干扰的链路从备选链路集中删掉。这个过程持续进行，直到备选链路集合到空为止。虽然 GMS 在一般的网络中并不是最优的策略，不能达到最大的网络容量空间。但很多理论和实际的工作表明，GMS 在一些实际的网络拓扑例如树状网络中能够达到最大的网络容量空间。

5.3　基于跨层控制算法的多 AP 分流机制(TBCS)的设计

TBCS 的基本思路是对理论最优的跨层控制进行适应性修改，使其应用在集中式网络中，以尽可能挖掘多 AP 分集的潜力。TBCS 的网络架构如图 5.4 所示。在 TBCS 中，最重要的组件是部署在网络接入路由器上的网络控制器。网络控制器有两个功能:第一个是构建网络干扰图,第二个是执行跨层控制算法。在实际网络环境中利用跨层算法面临一些技术问题;第一个问题就是需要考虑单链接之外的链路;第二个就是处理集中式网络中的有线/无线混合环境;第三个是如何同步调度。下面分别进一步地解释这些挑战,同时给出本书的解决方案。

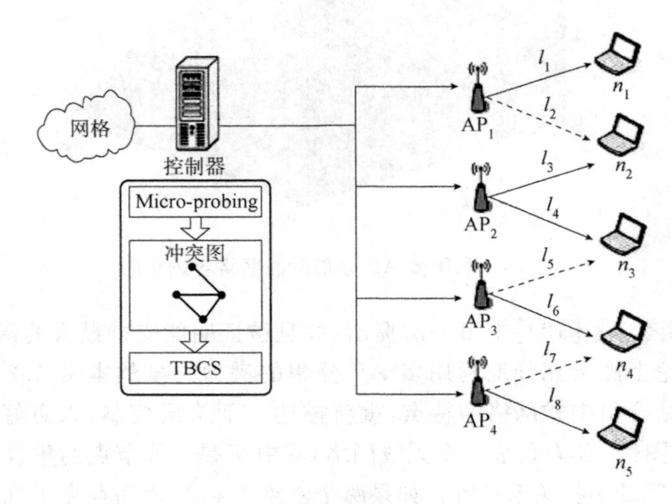

图 5.4　TBCS 的网络架构

5.3.1　构建包含未链接链路的全面干扰图

跨层控制的一个前提条件是需要知道无线网络的干扰图。本章扩展 Micro-Probing 算法来构建无线网络的干扰图。Micro-Probing 的基本思路为:网络控制器发送探测请求至各个网络接入点,网络接入点执行探测命令,然后向网络控制器汇报探测结果。例如,为了决定图 5.1 所示中链路 l_1 和链路 l_2 之间是否存在干扰,Micro-Probing 在 t_0 时刻在链路 l_1 上发起一个传输(在网络接入点 AP_1 和无线客户端 n_1 间传输一个数据包),然后在同一时间,Micro-Probing 命令网络接入点 AP_2 在链路 l_2 上发送一个广播包。如果在一段时间内,网络接入点 AP_1 没有接收到其发送数据包的确认消息,那么就可以推测这个传输受到了 l_2 上广播包的影响,也即说明 l_1 和 l_2 间存在干扰关系。Micro-Probing 是一个测量干扰的有效工具,它可以在网络正常使用的同时快速构建网络干扰图。并且,Micro-Probing 进行干扰测量的开销也比较低,实验表明,在一个有几十个节点的中等规模网络中,Micro-Probing 构建干扰图所花费的时间只需要几秒至十几秒[2]。

然而,Micro-Probing 算法假设了单链接的结构,因此,它只测量已链接的链路间的干扰关系。为了利用多 AP 分集的潜力,需要扩展 Micro-Probing 以测量包括未链接链路的网络干扰关系。具体来说,如果一个网络接入点 AP 在一个客户端节点的传输范围内,那么就认为这里存在一个传输链路,并测量该链路与其他链路间的干扰关系。比如,在图 5.4 所示中,假设有五个链接链路 l_1,l_3,l_4,l_6,l_8,那么 Micro-Probing 测得的五个链接链路间的干扰图如图 5.5(a)所示。然而,在本章中,我们破除单链接的限制,这样就增加了三个新的链路 l_2,l_5,l_7,因为 n_2 在 AP_1 的传输范围内,n 在 AP_3 的传输范围内,n_4 在 AP_4 的传输范围内。

这些新增的链路以及链路间的干扰关系用图 5.5(b)所示表示。这样就取得了一个包含链接链路和未链接链路的全面的干扰图,这个干扰图也为下一步利用多 AP 分集提供了基础。

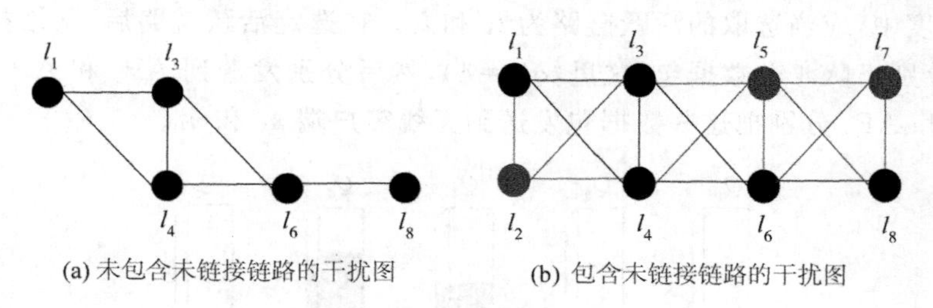

图 5.5　网络干扰图

5.3.2　队列提前机制

集中式网络的一个鲜明特征是它具备有线/无线混合环境。在集中式网络中,网络控制器和网络接入节点之间通过有线连接,而网络接入节点和无线客户端间通过无线介质连接。这种方式导致了跨层控制实际应用的一个问题:因为有线网络的带宽往往远大于无线网络的带宽,那么网络中的下行数据包都会在网络接入点上排队。而在 IEEE 802.11 DCF 标准中,网络接入节点使用一个分布式、随机的方法来竞争网络资源,这样,节点获得传输的传输机会是随机的。而在跨层控制中,每个时间槽内进行传输的节点是要精确确定的。这种矛盾导致跨层控制无法正确运行。

为了解决这个问题,本书提出一个队列提前(Queueing in Front)的新机制。队列提前的基本思路是让所有的数据包都在网络控制器上排队,然后网络控制器成批次地在网络接入点间分流数据包。在每一个批次中,网络控制器基于跨层控制的最优调度策略进行分流。下面阐述队列提前机制的细节。

假设在一个集中式网络有 N 个无线客户端,对每个无线客户端 n_i,在网络控制器上为之建立一个队列 Q_i,Q_i 的长度用 $\text{len}(O_i)$表示。当一个数据包从外部网络到达控制器时,网络控制器根据这个数据包的目的地址,把它放到相应的队列中。这样一来,所有的队列都在网络控制器上排队,就避免了数据包在网络接入点上排队。然而,队列提前机制也给跨层控制带来了一个困难:在式(5.3)中,为了计算最优的链路调度集合,跨层控制需要知道每条链路上的队列积压情况,而在队列提前后,链路上没有队列积压。为解决这个问题,我们在网络控制器上为每条链路 l 建立一个虚拟队列 vq_l。如果链路 l 的目的节点(用 dst_l 表示)是客户端节点 i,那么这个链路虚拟队列的长度 vq_l 就设置为 $\text{len}(Q_i)$。接下来,在每个调度时槽的开始,跨层控制里利用网络控制器上的虚拟队列信息来计算最优链路调度集合 M^*。对每一个属于 M^* 的链路 l,网络控制器发送 q^* 个数据包到这个链路相应的网络接入点(用 $\text{AP}_{\text{head}_l}$ 表示)。q^* 是链路集 M^* 中最短队列的长度,即

$$q^* = \min_{l \in M^*} \text{vq}_l \tag{5.4}$$

通过这样的方法,网络控制器可以保障跨层控制的正确执行。下面用一个例子来更形象地说明队列提前机制。在图 5.4 所示的网络中,假设在一个调度时槽的开始,在网络控制上设置的对应五个无线客户端节点的队列长度分别为{1,2,4,5,1}。图 5.6 所示中给出了

这种队列长度与每个链路的虚拟队列的对应关系。从图中可以看出，8 条虚拟队列对应的队列长度分别为{1,2,2,4,4,5,5,1}。在图 5.5 所示的网络状况下应用式(5.3)可以计算出，在这次调度中，应当选取的活跃链路为 l_4 和 l_7。在选定活跃链路后，网络控制器从队列 Q_3 和 Q_4 中分别出队 4 个数据包(这里，$q^*=4$)，然后分别发送到 AP_2 和 AP_4。最后，网络接入点 AP_2 和 AP_4 分别把这些数据包发送到无线客户端 n_3 和 n_4。

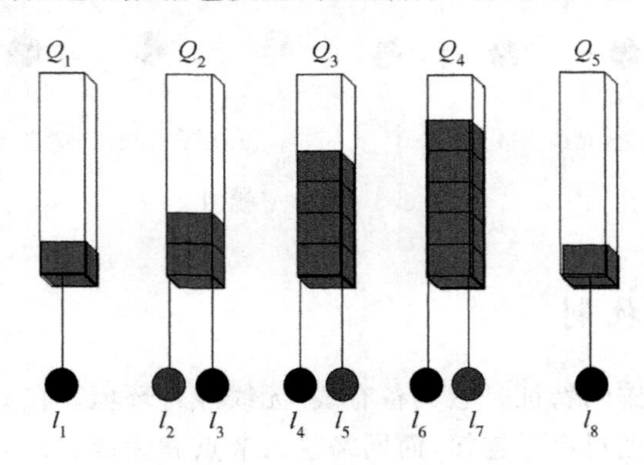

图 5.6　队列与链路对应关系

算法 5-1　TBCS

```
Procedure HandleIncomingPacket(pkt_k)
    If destination(pkt_k) == i
        Put pkt_k into Q_i;
    UpdateVirtualBacklog();
Procedure UpdateVirtualBacklog ()
    For each link l
        If dst_l == i into Q_i;
            vq_l = len(Q_i)
Procedure Scheduling()
    Compute the optimal schedule M* with MWS (or GMS)
    q* = min_{l∈M*} vq_l
    For each link l∈M*
        Dequeue q* packets from Q_{dst_l};
        Deliver the q* pack to AP_{head_l};
Procedure HandleFeedback()
    Denote the current optimal schedule with M*
    For each link l∈M*
        Wait for the report from AP_{head_l}
    Scheduling();
```

5.3.3　调度同步机制

在跨层控制的理论研究中，调度的执行假设为同步的。在其他理论工作中，时间以时槽为单位展开，并且每个数据包传输时间都是一个时槽长度。显然，这些假设在实际网络中并不成立。在 IEEE 802.11 网络中，节点间通过一种随机的方式竞争网络资源，在每次发送数据包之前，节点都随机地避让一段时间来尽可能地避免数据包碰撞。因此，即使每个数据包的长度都相等，那么这些传输都不会在同一个时间点结束。

为了同步在网络控制器上的数据包调度，我们提出一个称之为 AP 反馈的机制（AP feedback）。AP 反馈的主要思路是让每一个 AP 监控自己的传输状态，当其上数据包都传输完成后，AP 反馈给网络控制器一个传输结束的信号。在接收到所有 AP 的反馈之前，网络控制器不会进行下一轮调度。通过这样的方式实现调度同步。值得注意的是，AP 反馈这个机制并不会导致大的开销。一方面是因为，反馈数据包长度很小；另一方面，传输反馈数据包的网络控制器和 AP 间的有线带宽通常比较充裕。TBCS 没有修改 AP 和无线客户端上的 CSMA/CA 机制，这样就可以更便利快速地部署 TBCS。此外，CSMA/CA 机制的保留还有一个额外的好处，那就是当面临外部干扰（非 WIFI 网络的无线信号干扰）时，无线网络也能够有效地运作。把以上内容综合起来就得到了 TBCS，TBCS 的大致流程在算法 5-1中给出。

注意，TBCS 调度目前只能处理下行数据流量，而无法对上行流量进行调度。然而很多研究表明[111,129]，下行链路的网络流量是无线网络流量的主要组成部分，大约是总流量的 80%左右。此外，5.4 节的仿真实验在 TCP 网络流的情况下进行实验，由于 TCP 数据包包含了 DATA-ACK 的双向数据包，因此也可以用来说明上行流量的影响。

5.3.4　系统开销

从上述 TBCS 的设计可以看出，TBCS 比现在的随机调度机制更为复杂：它需要测量整个网络的干扰图，也需要 AP 进行传输反馈，另外，最优调度的计算也有一定的复杂性。然而，本书发现这些额外的开销并不是很大。其一，Micro-Probing 能够在几秒钟之内快速地构建网络干扰图。其二，虽然 MWS 算法的计算复杂性是 NP 的，但在 5.4 节中可以发现，低复杂度的替代算法 GMS 的网络性能几乎与 MWS 一样。GMS 算法决定最优链路调度集合的计算复杂性仅为 $O(L^2)$，其中 L 是网络中链路的数目。其实，即使有这些额外的开销，下一节中的仿真结果显示，这些额外的开销是值得的。在考虑这些开销后，网络性能也得到了极大的提升。

5.4　TBCS 效果验证

本节通过 NS-2 仿真验证 TBCS 的效果，这里把 TBCS 同其他的三种机制进行比较。第一个是完全未利用多 AP 分集的 IEEE 802.11 DCF，另外两个分别是参考文献[91]提出的 Divert 和参考文献[128]提出的 Round Robin。在本章第 5.1 节中已经分析过，这两种机制都是以启发式的方法来利用多 AP 分集的。另外，TBCS 也使用两个具体的控制策略，一种是网络性能理论最优但同时也具有高计算复杂性的 MWS 策略，另外一种是理论次优但是具有较低计算复杂性的 GMS 策略，分别用 TBCS-MWS 和 TBCS-GMS 表示。

为了更清楚地理解和展示 TBCS 的效果，本节首先在一个简单的拓扑中进行仿真实验。在这个仿真实验中，我们往网络中不断增加网络负载，随着网络负载的增加，观测网络队列的累积情况。通过这个实验比较各种机制能支持的网络容量空间。接下来，在多个随机的网络拓扑中，分别以 TCP 和 UDP 网络流作为网络负载进行试验，以比较各种机制下的网络总吞吐量、公平性和延迟性能。

5.4.1 线性拓扑

在这个仿真中使用如图 5.1 所示的拓扑，通过不断地增大外部流量来探测一个网络的容量空间界限。对于每一个节点，设置一个从外部网络到其的下行 UDP 网络流，三个节点的流量之比设置为{3,3,1}。每个网络流的数据包的大小都设置为 1000Byte。以 0.01 作为步长不断提高网络负载(这里网络负载 1 代表不存在其他链路竞争网络资源情况下，一个链路所能传输的最大吞吐量)。

在图 5.7 所示为不同负载下网络中所有队列长度的和。如图 5.7 所示，当网络处于低负载时，这五个控制机制都能够让网络保持稳定。然而当网络负载逐渐增加并超过某个阈值时，不同机制下的网络队列就会先后快速增长，也即说明这些网络负载超过了该机制的网络容量空间，使网络变得不稳定。IEEE 802.11 DCF 和 Divert 的网络不稳定阈值为 0.14，Round Robin 的阈值为 0.21，而 TBCS 具有最大的阈值 0.29，即说明 TBCS 能够达到最大的网络容量空间。另外，从实验结果中也可以发现，TBCS-GMS 的性能与 TBCS-MWS 几乎相等。虽然 GMS 被证明在一般网络状况下的性能不如 MWS，但研究表明在很多实际的网络中，GMS 能达到和 MWS 几乎一样的性能。本章的仿真结果也有力地佐证了这一点。因此，在下面的仿真中 TBCS 使用的是 TBCS-GMS 策略。

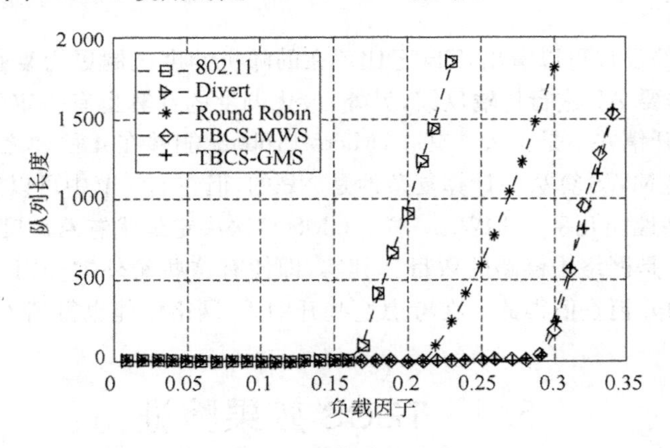

图 5.7 网络队列变化

5.4.2 典型多 AP 分集拓扑

本节在一个随机的网络拓扑下进行仿真实验，来分析 TBCS 提高网络吞吐量的效果。在该网络中，节点的位置都是随机选取的，其拓扑如图 5.8 所示，包含四个网络接入点 AP 和 12 个无线客户端。在图中用一个以 AP 为圆心的圆圈表示该 AP 的传输范围。通过这些传输范围的重叠覆盖关系，可以看出有七个无线客户端(n_1，n_2，n_3，n_4，n_7，n_{10}，n_{12})具备多 AP 分集的潜力。为了清晰起见，没有在图中画出网络控制器以及网络控制器与 AP 间的有线连接。这里设置了 TCP 和 UDP 的混合流量场景，用 f_i 表示到客户端 n_i 上的网络流。在这个仿真中，三个网络流 f_1，f_2，f_3 被设置成 TCP 网络流，另外 9 个网络流设置成 UDP 流，其中 UDP 的流量设置成 0.45Mbit/s。然后在这种设置下分别运行四个网络调度策略。

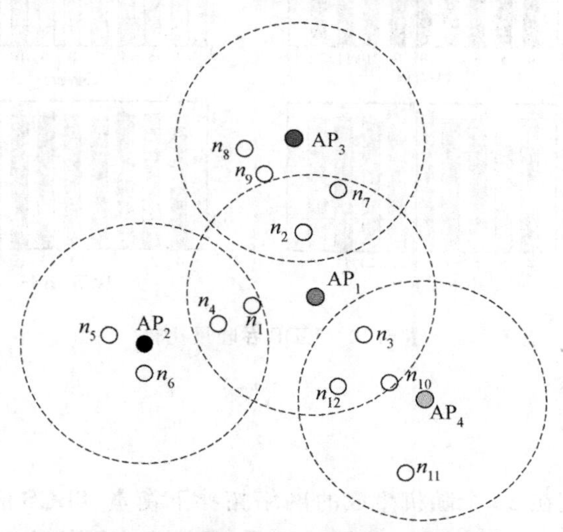

图 5.8　具备更丰富的多 AP 分集的仿真拓扑

仿真结果中 TCP 网络流的吞吐量如图 5.9 所示；UDP 网络流的吞吐量如图 5.10 所示。容易发现，TBCS 能够极大地提高 TCP 的吞吐量。相比于 IEEE 802.11，TBCS 下的 TCP 吞吐量从 1.54Mbit/s 提高到 4.75Mbit/s，提高率达到 200%。我们对仿真过程的数据进行了分析，找到了这种提高的原因：在 IEEE 802.11 DCF 下，所有 TCP 网络流的数据包都通过 AP_1 传输，因此 f_1，f_2，f_3 的所有数据包只能顺序地进行传输。而在 TBCS 下，三个网络流的数据包可以同时传输（AP_2 到 n_1，AP_2 到 n_2，以及 AP_4 到 n_3），因此可以提高 TCP 的吞吐量。注意在这个仿真中，Divert 下的吞吐量和 IEEE 802.11 DCF 基本相同，这是因为在 NS-2 仿真中不存在由于信号衰减等因素造成的丢包（在 NS-2 中所有丢包都是由碰撞引起），而 Divert 只会在链路信号不好的情况下进行 AP 切换，这样一来，在 NS-2 中 Divert 就不会进行 AP 切换，那么其实际上也就等同于 IEEE 802.11 机制。从实验结果中发现，Round Robin 对网络整体吞吐量的提高也不明显。如图 5.10 所示中，能发现 TBCS 在有效利用多 AP 分集提高 TCP 吞吐量的同时，并不会对 UDP 的吞吐量造成损失。总之，仿真结果表明相比于其他方法，TBCS 能够极大地提高网络的吞吐量。

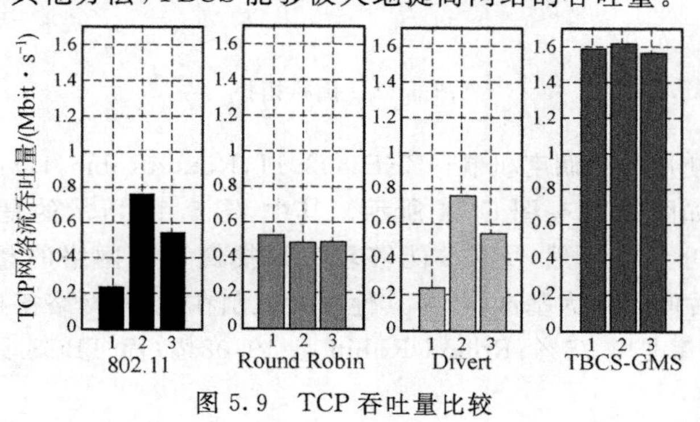

图 5.9　TCP 吞吐量比较

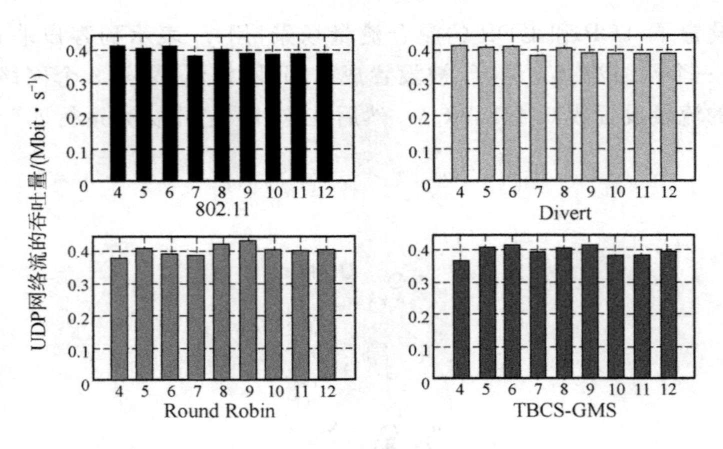

图 5.10 UDP 吞吐量比较

5.4.3 随机拓扑

本节的研究工作是在 20 个随机生成的网络拓扑下衡量 TBCS 的平均效果。对于每个网络场景，网络接入器的数目从 4～8 中随机选择，无线客户端的数目从 8～50 中随机选择。对于每一个随机拓扑，首先选择一定数目的具有重叠覆盖的邻居 AP 节点，然后在每个 AP 节点周围随机地确定无线网络客户端的拓扑位置。图 5.11 所示的是这些随机拓扑的一个代表性的例子，这个拓扑具有 6 个 AP 和 30 个无线客户端。

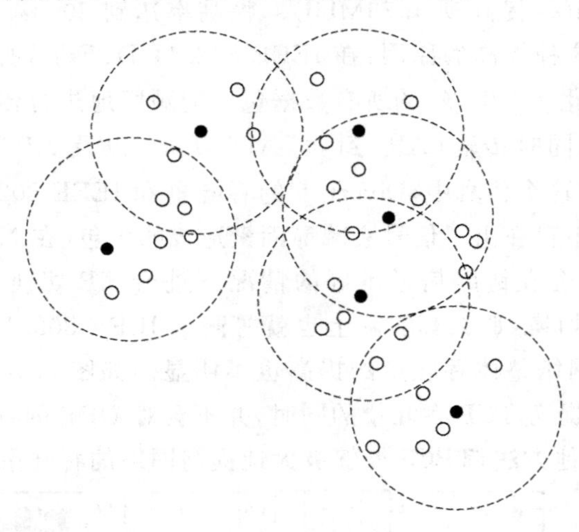

图 5.11 随机拓扑

在每个拓扑下使用四种调度机制(IEEE 802.11，RoundRobin，Divert 和 TBCS)分别进行仿真。仿真结果如图 5.12～图 5.14 所示。其中，图 5.12 所示的是四个调度机制在 20 种网络拓扑下的吞吐量。显然，TBCS 能够较大地提高一个网络的整体吞吐量。下面以 IEEE 802.11 下的吞吐量作为基准，计算其他三种机制在 20 种网络拓扑下的吞吐量平均提高率：Divert 的提高率是 0.75%；Round Robin 是 10.08%；而 TBCS 具有最大的吞吐量提高率，为 35.62%。

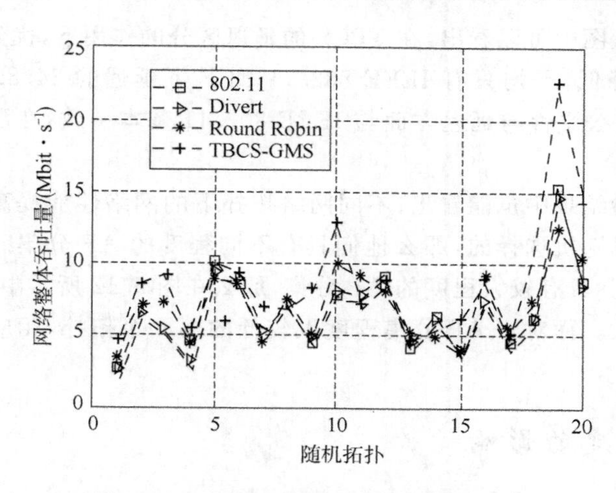

图 5.12　20个随机拓扑下的网络吞吐量

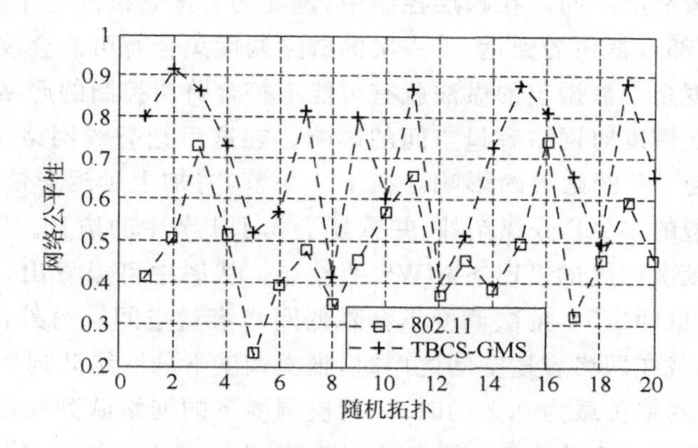

图 5.13　20个随机拓扑下的网络公平性

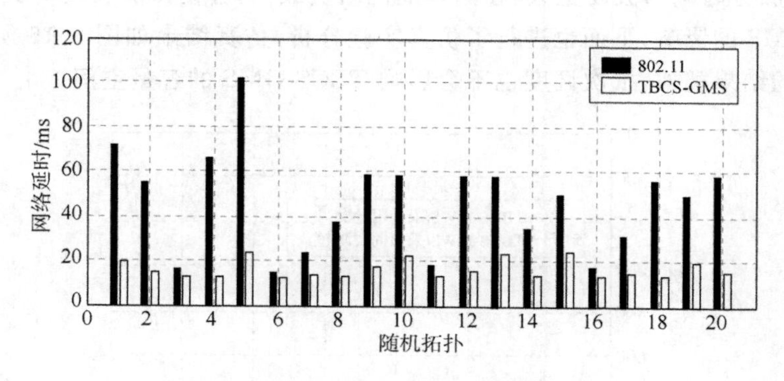

图 5.14　20个随机拓扑下的网络延迟

图 5.13 所示的是网络公平性的实验结果。TBCS 把 20 个网络拓扑的平均 Jain's Fairness 从 0.4791 提高到 0.691，提高率为 45.49%，可见，TBCS 极大地提高了网络公平性。

图 5.14 所示的是网络延迟的实验结果。在这里，我们给出优先级别最高的业务流在不

同机制下的延迟。从图中可以看出,在 TBCS 的延迟区分的作用下,优先级别高的业务流的延迟得到了极大的降低,平均只有 IEEE 802.11 DCF 下延迟的 34.82%。由于 Divert 和 Round Robin 在网络公平性与延迟方面与 IEEE 802.11 基本一致,在图 5.13 和图 5.14 所示中就没有画出。

在上述仿真实验结果中也能看出,不同网络拓扑下的网络性能提高率的波动很大。这是因为这些拓扑都是随机选择的,那么他们具有不同程度的 AP 分集。例如,对于第 19 个拓扑,我们发现它实际具有较大程度的 AP 分集,那么在图 5.12 所示中可以看出,其网络吞吐量提高率就比较大。而对于 AP 分集程度也较低的第 6 个拓扑,相应地其网络吞吐量提高率比较小。

5.4.4 批次调度的影响

TBCS 采用了成批次的调度以尽可能地降低网络开销。然而这种成批次的调度与跨层控制的严格要求稍微有所不同。在跨层控制中,调度的粒度是按照每个数据包执行,在一次调度结束后,随着外部数据包的到达,下一次的链路调度集合有可能会改变,这样一来,成批次调度中一次性调度多个数据包的做法就有可能不符合跨层控制的严格要求。

本小节衡量批次调度对网络容量空间的影响。在这里把有线网络带宽设置得比较大,以隔离网络控制器与 AP 间延迟的影响。在下一小节,将加上延迟影响的考虑。这里采用了图 5.1 所示中典型的多 AP 分集拓扑,并重复了 5.4.1 节中的仿真。图 5.15 比较了未采用批次调度和采用批次调度的 TBCS-MWS 的性能。从图中可以看出,两种情况下的网络稳定阈值几乎相等,也即表明,批次调度不会降低网络容量空间。另外,也可以发现一个有趣的现象:当网络负载在网络容量空间之内时,批次调度下的网络队列大于未批次调度下的网络队列。比如,当网络负载为 0.2 的时候,批次调度下的网络队列长度约为 46,而未进行批次调度下的网络队列长度约为 2。其实,可以用排队论的相关知识[66]来解释这种现象:批次调度使网络服务时间的波动更大,在同样的网络负载下,会使排队长度增长。对于批次调度对 TBCS-GMS 的影响,下面也进行了仿真实验分析,仿真结果如图 5.16 所示。显然,与 TBCS-MWS 的结果类似,批次调度也不会影响 TBCS-GMS 的容量空间。

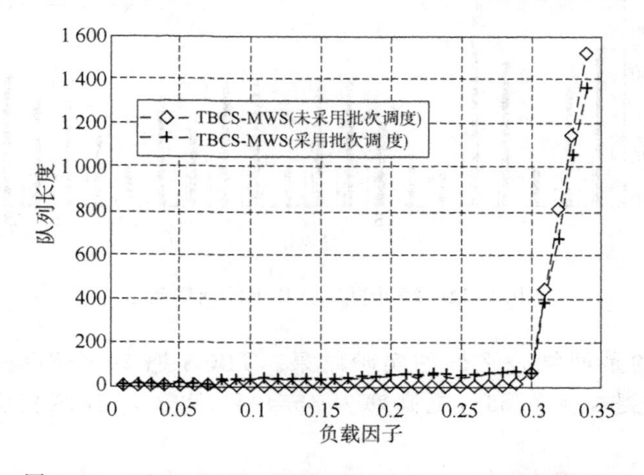

图 5.15 TBCS-MWS 下批次调度启用前后队列累积状况

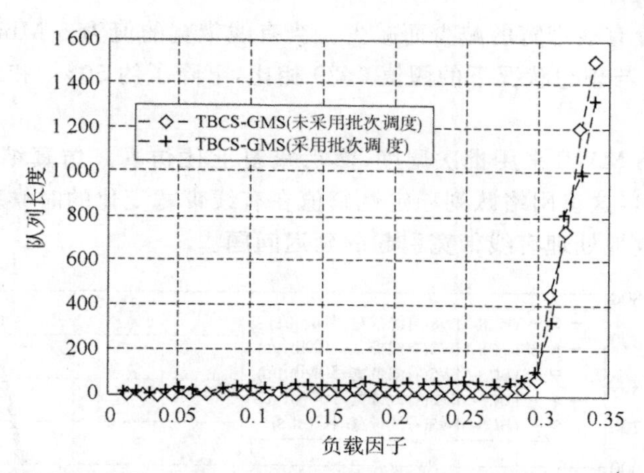

图 5.16　TBCS-GMS 下批次调度启用前后队列累积状况

5.4.5　有限网络带宽的影响

在 TBCS 中，所有数据包都在网络控制器上排队，然后再分配到各个 AP 上。在这种方式下，有线网络的带宽将会影响 TBCS 的性能。对于未采用批次调度的 TBCS，在每次调度的时候，开销即为从网络控制器到 AP 间的数据包传输延迟，这样，可以用下面的这个公式估计网络的利用率：

$$u=\frac{T_s}{T_s+T_d} \tag{5.5}$$

式中，T_s 是一个数据包从 AP 传输到无线客户端时，在无线网络中的传输时间；T_d 是数据包从网络控制器传输到 AP 的时间。显然，有线网络的带宽越小，T_d 就越大，网络利用率也就越小。如果有线的带宽为 5 Mbit/s(大约相当于此次仿真中无线网络的有效带宽)，那么可以从式(5.5)中计算出网络利用率约为 50%。

接下来在不同的有线网络的带宽下(5 Mbit/s，10 Mbit/s，50 Mbit/s，100 Mbit/s 和 1 Gbit/s)的设置下用 TBCS-MWS 进行仿真。仿真结果如图 5.17 所示，从图中可以看出，

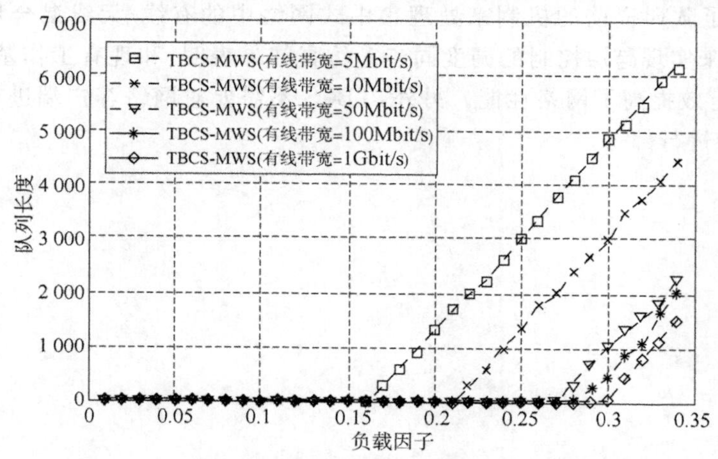

图 5.17　未启用批次调度时有线网络带宽对 TBCS 的影响

网络的容量空间随着有线带宽的减少而减少。当有线带宽的值为 5 Mbit/s 时，网络队列稳定的阈值约为 0.15，与理想状况下的阈值 0.29 相比，下降了约 50%，和式(5.5)中的计算结果基本符合。

接下来在 TBCS-MWS 采用批次调度，然后重复上述仿真。仿真结果如图 5.18 所示。从仿真结果可以看出，这里网络队列稳定性阈值在有线带宽变化的时候基本保持不变，即说明批次处理可以有效地处理有线带宽引起的延迟问题。

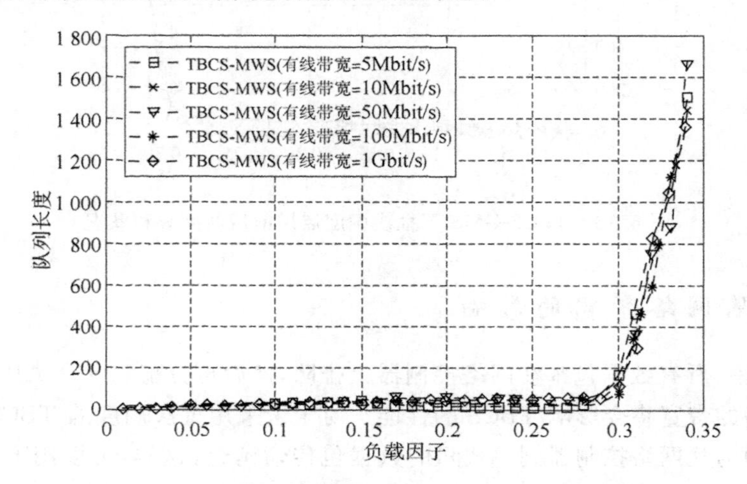

图 5.18 启用批次调度后有线网络带宽对 TBCS 的影响

5.5 本章小结

现有利用多 AP 分集的研究工作基于启发式的想法，不能充分利用 AP 分集的潜力。本章提出了一个基于跨层控制的多 AP 分流机制 TBCS，以尽可能地发掘多 AP 分集的潜力。TBCS 对理论最优的跨层控制进行了适应性修改，首先移除了 IEEE 802.11 的单链接限制，接着提出了队列提前的机制来处理集中式网络中的有线/无线混合环境，并提出了 AP 反馈的机制来实现跨层控制的调度同步。仿真结果表明，和现有工作基于启发式的机制相比，TBCS 有效提高了网络性能。另外，TBCS 不需要对网络客户端进行任何修改，因此可以更容易地进行部署。

第6章　本书总结和下一步研究方向

本书从目前数据传输控制机制无法保障多跳无线网络性能的问题出发，在国家自然科学基金项目“基于干扰测量的多跳无线网络数据传输控制机制研究”和973课题“物联网网络融合与自治的机理和方法”的支持下，对多跳无线网络的数据传输控制进行了系统性研究。下面总结本书的三个研究成果，并讨论下一步研究方向。

1. 非对称网络拓扑下资源访问控制建模与优化

在多跳无线网络中，网络拓扑具有了非对称性的特点。研究表明，在非对称拓扑下，现有资源访问控制机制 IEEE 802.11 DCF 会失效，继而使网络节点间的吞吐量呈现严重的不公平性。本书提出了一个新的非对称拓扑下 IEEE 802.11 DCF 分析模型 G-Model，在此基础上，本书提出了一种新的网络性能优化方法 FLA，FLA 可在不损失网络吞吐量和延迟的条件下大幅度提高多跳无线网络的公平性。

本书认为，这项工作的创新性和意义体现在该工作为资源访问控制建模提供了新思路。IEEE 802.11 DCF 的建模分析工作开始于对称网络下，这些早期工作采用了解耦合等假设以分离节点间的复杂交互作用。后来，非对称网络拓扑下的建模工作也沿用了这些假设以简化建模过程。然而本书发现这些假设在非对称拓扑下是不成立的。因此，本书摒弃了这些假设条件，没有再回避和简化节点间的复杂交互作用，而是提出一个二维马尔科夫链从更细粒度上描述非对称拓扑下节点间的复杂交互作用。在这种技术思路下，所提出模型的准确度远大于现有模型。在本书中，所提出的模型主要用来优化节点传输的时间资源。在未来的工作中，可以考虑这种模型和建模方法的进一步应用。随着感知无线电等技术的发展，无线频率资源的分配会越来越灵活，无线接口能在短时间内动态地配置通信信道的中心频率与频带宽度，为频率优化提供了更多的机会。在频率优化方面，也存在着频率竞争对象信息不对称导致的不公平性问题，那么就可以利用本书的模型或建模方法来定量理解并解决这种问题。

2. 兼顾延迟与网络效用的数据传输跨层控制算法

跨层控制是一种从理论出发研究数据传输控制的新思路。研究表明，跨层控制能达到最大的网络效用。然而跨层控制面临的一个重要问题是它会引起很大的端到端延迟。近年来学术界提出了一些降低延迟的跨层控制算法，但这些算法在降低延迟的同时，也极大地降低了网络效用。针对这一问题，本章把延迟区分的思路融合到跨层控制的架构中，提出了兼顾延迟和网络效用的新跨层控制算法 CLC_DD，并证明了 CLC_DD 算法能够达到最大的网络效用。然后，通过理论分析和仿真实验说明，CLC_DD 下网络流延迟能够根据预先设定的延迟权重参数实现线性区分。通过线性延迟区分，CLC_DD 能大幅度降低高优先级业务的延迟。

这项工作的关键在于如何把延迟区分融入跨层控制的理论框架中。延迟区分的直观思路是在网络路径上优先调度延迟敏感业务的数据包。而在跨层控制中，速率控制、路由和调度各个控制层次紧密耦合在一起，在调度层的单独改变可能会影响整个网络的性能。之前降低延迟的跨层机制就是因为这个原因导致损失了过多的网络效用。为了同时满足延迟区分和网络效用最大化这两个目标，我们的技术方案是在传输控制形式化成优化问题这一初始步骤的时候，就引入体现延迟区分的要求。通过解这个新的优化问题，得到既能够实现延迟区分，又能够保障网络效用最大化的新的跨层控制。

从本质上来说，本书是通过一种“尽力而为(best effort)”的方法来处理网络应用的延迟需求。对于音视频会晤等实时业务来说，它的延迟需求会更加严格和苛刻。在未来的工作中，一个有意义的研究方向是如何在保障网络效用最大化的同时满足实时业务的严格延迟需求。

3. 基于跨层控制的多 AP 分流机制

集中式网络通常具有较高密度的 AP 覆盖，这给提高网络性能带来了新机会。现有研究工作提出了多种机制以利用多 AP 分集来提高网络性能，然而这些机制都基于启发式的技术路线，不能保障最大限度地挖掘多 AP 分集的潜力，因此网络整体性能较低。而我们知道，跨层控制在理论上能以最优的方式来利用网络中所有可能路径进行数据传输，从而达到最大的网络效用，也即可以在最大程度上利用多 AP 分集的潜力。然而跨层控制作为从理论出发而设计的数据传输控制，在实际应用时面临很多挑战。针对这一问题，本书提出基于跨层控制的多 AP 分流机制，该机制对兼顾延迟与网络效用的跨层控制算法进行适应性修改，设计队列提前、调度同步等一系列新方法解决跨层控制在实际应用中面临的问题，使其能够在集中式网络中应用。相比于现有工作，基于跨层控制的多 AP 分流机制能更充分地利用多 AP 分集的潜力，大幅度提高网络整体性能。

跨层控制作为从理论出发的研究，在实际应用中的发展和完善还有很长的路要走。本书的工作是从适应网络的角度出发，对跨层控制算法进行了修改。而最近的一个工作中[83]采用了一种相反的思路，对网络进行修改以适应跨层控制的需求。比如，为了实现跨层控制的信息交互，这个工作设计了额外特定频率的信道作为控制信道负责在节点间传递队列长度、可行链路集等跨层控制所需的信息，从而保障跨层控制的彻底实施。在未来的研究中，可以结合各种网络场景，对这些不同的思路进行深入分析和比较，推动跨层控制的实用化进程。

总的来说，本书的研究工作是在两类数据传输跨层控制机制(分层控制和跨层控制)的框架下分别进行的研究，而没有涉及两种机制的交互作用。本书认为，未来一个重要研究方向是分层控制与跨层控制的相容性研究。我们知道，作为一种从理论出发的控制机制，跨层控制能有效利用多跳无线网络的带宽资源，达到最大的网络效用。目前跨层控制主要活跃在研究领域，在实际中得到广泛应用的还是分层控制。可以预见的是，跨层控制在未来会得到越来越多的应用。然而，分层控制往跨层控制的过渡并不是一蹴而就的，在相当长的一段时间内，应该是两种机制并存的状态，会出现一个网络中存在分别使用这两种不同机制的节点的情况，而这种情况对网络性能的影响目前尚不明确。在未来的工作中，一个有重要意义和研究价值的方向是分析不同机制的相互作用，以及这种相互作用对网络性能的影响，为两种机制的过渡和融合提供理论依据。

参考文献

[1] Ahmed N, Banerjee S, Keshav S, et al. Interference Mitigation in Wireless LANs using Speculative Scheduling, extended Abstract. ACM MOBICOM, Montreal, Canada, Sep, 2007.

[2] Ahmed N, Ismail U, Keshav S, et al. Online Estimation of RF Interference. ACM CoNEXT, Madrid, Spain, Dec, 2008.

[3] Ahmed N, Keshav S. SMARTA: A Self Managing Architecture for Thin Access Points. ACM CoNEXT, Lisbon, Portugal, Dec, 2006.

[4] Avidor D, Mukherjee S, Onat F. Transmit Power Distribution of Wireless Ad hoc Networks with Topology Control. IEEE INFOCOM, Anchorage, USA, May, 2007.

[5] Aziz A, Starobinski D, Thiran P. Understanding and Tackling the Root Causes of instability in Wireless Mesh Networks. IEEE/ACM Transactions on Networking, 2011, 19(4): 1178-1193.

[6] Apostolopoulos J G, Wang T, Tan W-T, et al. On Multiple Description Streaming with Content Delivery Networks, IEEE INFOCOM, New York, USA, Jun, 2002.

[7] Akyildiz F, Wang Xudong, et al. Wireless Mesh Networks: a Survey, Computer Networks, 2005, 47(4): 455-487.

[8] Bianchi G. Performance Analysis of the IEEE 802.11 Distributed Coordination Function, IEEE Journal on Selected Areas in Communications, 2000, 18(3): 535-547.

[9] Belding-Royer E M. Multi-level Hierarchies for Scalable Ad hoc Routing. ACM/Kluwer Wireless Networks, 2003, 9(5): 461-478.

[10] Bakre A, Badrinath B. I-TCP: Indirect TCP for Mobile Hosts. IEEE ICDCS, Vancouver, British Columbia, Canada, May, 1995.

[11] Bharghavan V, Demers S, Shenker S, et al. MACAW: A Media Access Protocol for Wireless LANs. ACM SIGCOMM, London, UK, Aug, 1994.

[12] Bianchi G, Fratta L, Oliveri M. Performance Analysis of IEEE 802.11 CSMA/CA Medium Access Control Protocol, IEEE PIMRC, Taipei, Oct, 1996.

[13] Biswas S, Morris R. ExOR: Opportunistic Routing in Multi-hop Wireless Networks. ACM SIGCOMM, Philadelphia, USA, Aug, 2005.

[14] Birke R, Mellia M, Petracca M, et al. Understaing VoIP from Backbone Measurements, IEEE INFOCOM, Anchorage, Alaska, May, 2007.

[15] Bui L, Srikant R, Stolyar A. New Architecture and Algorithms for Delay Reduction in Back-pressure Scheduling and Routing. IEEE INFOCOM, Rio de Janeiro, Brazil, Apl, 2009.

[16] Balakrishnan H, Seshan S, Katz R H. Improving Reliable Transport and Handoff Performance in Cellular Wireless Networks. Wireless Networks, 1995, 1(4): 207-228.

[17] Bensaou B, Wang Y, Ko C. Fairness Medium Access in 802.11 based Wireless Ad Hoc Netwokrs. ACM MOBIHOC, Boston, Massachusetts, USA, Aug, 2000.

[18] Berger D, Ye Z, Sinha P, et al. TCP-Friendly Medium Access Control for Ad-Hoc Wireless Networks: Alleviating Self-Contention. IEEE MASS, Fort Lauderdale, Florida, Oct, 2004.

[19] De Couto D S J, Aguayo D, Bicket J, et al. A High-throughput Path Metric for Multi-hop Wireless Routing. ACM MOBICOM, San Diego, USA, Sep, 2003.

[20] Chandra R, Paramvir Bahl, Pradeep Bahl. MultiNet: Connecting to Multiple IEEE 802.11 Networks using a Single Wireless Card. IEEE INFOCOM, Hong Kong, China, Mar, 2004.

[21] Chung Cheng Y, Bellardo J, Benkau P, et al. Jigsaw: Solving the Puzzle of Enterprise 802.11 Analysis. ACM SIGCOMM, Pisa, Italy, Sep, 2006.

[22] Cali F, Conti M, Gregori E. Dynamic Tuning of the IEEE 802.11 Protocol to Achieve a Theoretic Throughput Limit. IEEE/ACM Transactions on Networking, 2000, 8(6): 785-799.

[23] Cali F, Conti M, Gregori E. IEEE 802.11 Wireless LAN: Capacity Analysis and Protocol Enhancement. IEEE INFOCOM, San Francisco, CA, Mar, 1998.

[24] Cordeiro C d e M, Das S R, Agrawal D P. COPAS: Dynamic Contention-Balancing to Enhance the Performance of TCP over Multi-hop Wireless Networks. IEEE IC3N, Miami, USA, Oct, 2002.

[25] Clausen T, Jacquet P. Optimized Link State Routing Protocol(OLSR). RFC 3626, 2003.

[26] Cai S, Liu Y, Gong W. Analysis of an AIMD based Collision Avoidance Protocol in Wireless Data Networks. IEEE CDC, Maui, HI, Dec, 2003.

[27] Chandran K, Raghunathan S, Venkatesan S, et al. A Feedback based Scheme for Improving TCP Performance in Ad-hoc Wireless Networks. IEEE ICDCS, Amsterdam, Netherlands, May, 1998.

[28] Cui L, Ju H, Miao Y, et al. Overvew of Wireless Sensor Networks, Journal of Computer Research and Development(in hinese), 2005, 42(1): 163-174.

[29] Choudhury R R, Yang X, Ramanathan R, et al. Using Directional Antennas for Medium Access Control in Ad hoc Networks. ACM MOBICOM, Lausanne, Switzerland, Jun, 2002.

[30] Chen S, Zhang Z. Localized Algorithm for Aggregate Fairness in Wireless Sensor Networks. ACM MOBICOM, Los Angeles, California, USA, Sep, 2006.

[31] Douglas S J. De Couto, Daniel Aguayo, et al. A High-throughput Path Metric for Multi-hop Wireless Routing. ACM MOBICOM, San Diego, CA, USA, Sep, 2003.

[32] Dovrolis C, Stiliadis D, Ramanathan P. Proportional Differentiated Services: Delay

Differen tiation and Packet Scheduling, IEEE/ACM Transactions on Networking, 2002, 10(1): 12-26.

[33] Eriksson J, Agarwal S, Baul P, et al. Feasibility Study of Mesh Networks for All-wireless Offices, ACM MOBISYS. Uppsala, Sweden, Jun, 2006.

[34] Eryilmaz A, Ozdaglar A, Modiano E. Polynomial Complexity Algorithms for Full Utilization of Multi-hop Wireless Networks. IEEE INFOCOM, Anchorage, AK, May, 2007.

[35] Eryilmaz A, Srikant R. Joint Congestion Control, Routing, and Mac for Stability and Fairness in Wireless Networks. IEEE Journal on Selected Areas in Communications, 2006, 24(8): 1514-1524.

[36] Fette B. SDR Technology Implementation for the Cognitive Radio. FCC Workshop on Cognitive Radios, May, 2003.

[37] Frey H. Scalable Geographic Routing Algorithms for Wireless Ad hoc Networks. IEEE Network Magazine, 2004, 1(4): 18-22.

[38] James A. Freebersyser, Barry Leiner. A DoD Perspective on Mobile Ad hoc Networks, Ad Hoc Networking, Addison Wesley, Reading, MA, USA, 2001.

[39] Fu Z, Luo H, Zerfos P, et al. The Impact of Multihop Wireless Channel on TCP Performance. IEEE Transactions on Mobile Computing, 2005, 4(2): 209-221.

[40] Fu Z, Zerfos P, Luo H. et al. The Impact of Multihop Wireless Channel on TCP Throughput and Loss, IEEE INFOCOM San Francisco, USA, Mar, 2003.

[41] Gross D, Harris C M. Fundamentals of Queueing Theory. Wiley, 1974.

[42] Gao Y, Lui J, Chiu D M. Determining the End-to-end Throughput Capacity Sin Multi-hop Networks: Methodology and Applications. ACM SIGMETRICS, Saint-Malo, France, 2006.

[43] Georgiadis L, Neely M J, Tassiulas L. Resource Allocation and Cross-layer Control in Wireleshs Networks. Foundations and Trends in Networking, 2006.

[44] Garetto M, Shi J, Knightly E. Modeling Media Access in Embedded Two-flow Topologies of Multi-hop Wireless Networks. ACM MOBICOM, Cologne, Germany, Aug, 2005.

[45] Garetto M, Salonidis T, Knightly E. Modeling Per-flow Throughput and Capturing Starvation in CSMA Multi-hop Wireless Networks. IEEE/ACM Transactions on Networking, 2008, 16(4): 864-877.

[46] Gupta G R, Shroff N B. Delay Analysis for Wireless Networks with Single Hop Traffic and General Interference Constraints. IEEE/ACM Transactions on Networking, 2010, 18(4): 393-405.

[47] Gupta G R, Shroff N B. Delay Analysis and Optimality of Scheduling Policies for Multi-hop Wireless Networks. IEEE/ACM Transactions on Networking, 2011, 19(1): 129-141.

[48] Huang X, Bensaou B. On Max-min Fairness and Scheduling in Wireless Ad hoc Networks: Analytical Framework and Implementation. ACM MOBIHOC, Long Beach, CA, USA, Oct, 2001.

[49] Ho T S, Chen K C. Performance Evaluation and Enhancement of the CSMA/CA MAC Protocol for 802.11 Wireless LANs. IEEE PIMRC, Taipei, Taiwan, Oct, 1996.

[50] Huang P, Lin X, Wang C. A Low-complexity Congestion Control and Scheduling Algorithm for Multihop Wireless Networks with Order-optimal Per-flow delay. IEEE INFCOM. Shanghai, China, Apr, 2011.

[51] Hou T, Li V. Transmission Range Control in Multihop Packet Radio Networks. IEEE Transactions on Communication, 1986, 34(1): 38-44.

[52] Huang L, Neely M J. Delay Reduction via Lagrange Multipliers in Stochastic Network Optimization. WIOPT, Seoul, Korea, Jun, 2009.

[53] Huang L, Neely M J. Delay Efficient Scheduling via Redundant Constraints in Multihop Networks. WIOPT, Avignon, France, Jun, 2010.

[54] Holland G, Vaidya N. Analysis of TCP Performance over Mobile Ad hoc Networks. ACM MOBICOM, Seattle, Washington, USA, Aug, 1999.

[55] IEEE Standard for Wireless LAN Medium Access Control (MAC) and Physical Layer (PHY) Specifications, Nov, 1997.

[56] Jayachandran P. Andrews M. Minimizing End-to-end Delay in Wireless Networks using a Coordinated EDF Schedule. IEEE INFOCOM, San Diego, CA, USA, Mar, 2010.

[57] Jian Ying, Chen Shigang. Can CSMA/CA Networks be Made Fair? ACM MOBICOM, San Francisco, CA, USA, Sep, 2008.

[58] Jain R, Chiu D, Hawe W. A Quantitative Measure of Fairness and Discrimination for Resource Allocation in Shared Computer Systems. DEC Research Report TR-301, Sep, 1984.

[59] Ji B, Joo C, Shroff N. Delay-based Back-pressure Scheduling in Multi-hop wireless networks. EEE INFOCOM, Shanghai, China, Apr, 2011.

[60] Joo C, Lin X, Shroff N B. Understanding the Capacity Region of the Greedy Maximal Scheduling Algorithm in Multi-hop Wireless Network. IEEE/ACM transaction on Networking, 2009, 17(4): 1132-1145.

[61] Johnson D B, Maltz D A. Dynamic Source Routing in Ad-Hoc Ad hoc Networks. Mobile Computing, Kluwer Academic Publishers, 1996: 153-181.

[62] Joo C, Shroff N. Performance of Random Access Scheduling Schemes in Multi-hop Wireless Networks. IEEE INFOCOM, Anchorage, Alaska, USA, May, 2007.

[63] Jagabathula S, Shah D. Optimal Delay Scheduling in Networks with Arbitrary Constraints. ACM SIGMETRICS, Annapolis, MD, USA, Jun, 2008.

[64] Jiang L, Walrand J. A Distributed CSMA Algorithm for Throughput and Utility Maximiza-tion in Wireless Networks. IEEE/ACM transaction on Networking, 2010, 10(3): 960-972.

[65] Jung H, Yeon H J, Lee J. Proportional Delay Differentiation in Multi-hop Wireless Networks. ICION, Busan, Korea, Jan, 2008.

[66] Leonard Kleinrock. Queueing Systems volume 1: Theory, John Wiley & Sons, 1975.

[67] Kumar A, Altman E, Miorandi D, et al. New Insights from a Fixed Point Analysis of Single Cell IEEE 802.11 Wireless LANs. IEEE/ACM transaction on Networking, 2007, 15(3): 588-601.

[68] Kashyap A, Ganguly S, Das S. A Measurement-based Approach to Modeling Link Capacity in 802.11-based Wireless Networks. ACM MOBICOM, Montreal, Quebec, Canada, Sep, 2007.

[69] Kopparty S, Krishnamurthy S, Faloutsos M, et al. Split-TCP for Mobile Ad Hoc Networks. IEEE GLOBECOM, Taipei, Nov, 2002.

[70] Kahn J M, Katz R H, Pister K S J. Next Century Challenges: Mobile Networking for Smart Dust, ACM MOBICOM, Seattle Washington, Aug, 1999.

[71] Ko Y B, hankarkumar V, Vaidya N H. Medium Access Control Protocols using Directional Antennas in Ad hoc Networks. IEEE INFOCOM, Tel Aviv Israel. Jan, 2000.

[72] Kleinrock L, Silvester J A. Optimum Transmission Radio For Packet Radio Networks. IEEE NTC, Toronto, Canada, Jun, 1978.

[73] Kim D, Toh C-K, Choi Y. TCP-BuS: Improving TCP Performance in Wireless Ad hoc Networks. IEEE ICC, New Orleans, Louisiana, USA, Sep, 2000.

[74] Li B, Boyaci C, Xia Y. A Refined Performance Characterization of Longest-queue-first Policy in Wireless Networks. ACM MOBIHOC, New Orleans, USA, May, 2009.

[75] Luo H, Cheng J, Lu S. Self-Coordinating Localized Fair Queueing in Wireless Ad Hoc Networks, IEEE Transaction on Mobile Computer, 2004, 3(1): 86-98.

[76] Li J, Li Z, Mohapatra P. Adaptive Per Hop Differentiation for End-to-end Delay in Multihop Wireless Networks. Elsevier Ad Hoc Networks, 2009, 7(6): 1169-1182.

[77] Le L B, Modiano E, Shroff N B. Optimal Control of Wireless Networks with Finite Buffers. IEEE INFOCOM, San Diego, CA, USA, Mar, 2010.

[78] Leconte M, Ni J, Srikant R. Improved Bounds on the Throughput Efficiency of Greedy Maximal Scheduling in Wireless Networks. ACM MOBIHOC, New Orleans, USA, May, 2009.

[79] Li Yi, Qiu Lili, Zhang Yin, et al. Predictable Performance Optimization for Wireless Networks. ACM SIGCOMM, Seattle, WA, USA, Aug, 2008.

[80] Lin X, Rasool S B. Constant-time Distributed Scheduling Policies for Ad hoc Wireless Networks. IEEE CDC, San Diego, California, USA, Dec, 2006.

[81] Liu J, Singh S. ATCP: TCP for Mobile Ad hoc Networks. IEEE Journal on Selected Areas in Communications, 2001, 19(7): 1300-1315.

[82] Lin X, Shroff N. Joint Rate Control and Scheduling in Multihop Wireless Networks. IEEE CDC, Nassau, Bahamas, Dec, 2004.

[83] Rafael Laufer, Theodoros Salonidis, Henrik Lundgren, Pascal Le Guyadec. XPRESS: A Cross-Layer Backpressure Architecture for Wireless Multi-Hop Networks. ACM MOBICOM, Las Vegas, Nevada, USA, Sep, 2011.

[84] Miu A K, Apostolopoulos J G, Tan W, et al. Low-latency Wireless Video over 802.11 Networks using Path Diversity. IEEE ICME, Baltimore, MD, USA, Jul, 2003.

[85] Miu A, Tan G, Balakrishnan H, et al. Divert: Fine grained Path Selection for Wireless LANs. ACM MOBISYS, Boston, Massachusetts, USA, Jun, 2004.

[86] Miu A, Balakrishnan H, Koksal C. Improving Loss Resilience with Multi-radio Diversity in Wireless Networks. ACM MOBICOM, Cologne, Germany, Sep, 2005.

[87] Modiano E, Shah D, Zussman G. Maximizing Throughput in Wireless Networks via Gossiping. ACM SIGMETRICS Perform. Eval. Rev, 2006, 34(1): 27-38.

[88] Magistretti E, Gurewitz O, Knightly E. Inferring and Mitigating a Link's Hindering Transmis sions in Managed 802.11 Wireless Networks. ACM MOBICOM, Chicago, Illinois, USA, Sep, 2010.

[89] Mao S, Shivendra S. Panwar Y. Thomas Hou. On Optimal Partitioning of Realtime Traffic over Multiple Paths. IEEE INFOCOM, Miami, FL, USA, Mar, 2005.

[90] Scott Moeller, Avinash Sridharan, Bhaskar Krishnamachari, Omprakash Gnawali. Routing Without Routes: The Backpressure Collection Protocol. ACM IPSN, Stockholm, Sweden, Apr, 2010.

[91] Miu A, Tan G, Balakrishnan H, et al. Divert: Fine Grained Path Selection for Wireless LANs. ACM MOBISYS, Boston, Massachusetts, USA, Jun, 2004.

[92] Neely M J. Optimal Backpressure Routing for Wireless Networks with Multi-receiver Diversity. CISS, Princeton, New Jersey, Mar, 2006.

[93] Neely M J. Delay Analysis for Maximal Scheduling in Wireless Networks with Bursty Traffic, IEEE INFOCOM, Phoenix, Arizona, USA, Apr, 2008.

[94] Neely M, Modiano E, Li C. Fairness and Optimal Stochastic Control for Heterogeneous Networks. IEEE INFOCOM, Miami, Florida, USA, Mar, 2005.

[95] Richard Nee, Ramjee Prasa. OFDM for Wireless Multimedia Communications. Artech House, Inc. Norwood, MA, USA, 2000.

[96] Nicholson A J, Wolchok S, Noble B D. Juggler: Virtual Networks for Fun and Profit. IEEE Transactions Mobile Computing, 2009, 9(1): 31-43.

[97] Nguyen T, Zakhor A. Path Diversity with Forward Error Correction System for Packet Switched Networks. IEEE INFOCOM, San Francisco, CA, USA, Apr, 2003.

[98] Perkins C, Bhagwat P. Highly Dynamic Destination-Sequenced Distance-Vector Rotuing(DSDV) for Mobile Computers. ACM SIGCOMM, Lodon, UK, Aug, 1994.

[99] Perkins C E, Royer E M. Ad Hoc On-demand Distance Vector Routing. IEEE Workshop on Mobile Computing Systems and Applications, New Orleans, LA, USA, Feb, 1999.

[100] Ramanathan R. On the Performance of Ad hoc Networks with Beamforming Antennas. ACM MOBIHOC, Long Beach, California, USA, Oct, 2001.

[101] Belding-Royer E M. Multi-level Hierarchies for Scalable Ad hoc Routing. ACM/Kluwer Wireless Networks, 2003, 9(5): 461-478.

[102] Ray S, Carruthers J, Starobinski D. Evaluation of the Masked Node Problem in Adhoc Wireless LANs. IEEE Transactions on Mobile Computing, 2005, 4(5): 430-442.

[103] Radunovic B, Gkantsidis C, Gunawardena D, et al. Horizon: Balancing TCP over multiple paths in wireless mesh networks. ACM MOBICOM, San Francisco, CA, USA, Sep, 2008.

[104] Rangwala S, Jindal A, Jang K Y, et al. Understanding Congestion Control in Multi-hop Wireless Mesh Networks. ACM MOBICOM, San Francisco, California, USA, Sep, 2008.

[105] Ramaiyan V, Kumar A, Altman E. Fixed Point Analysis of Single Cell IEEE 802.11e WLANs: Uniqueness and Multistability. IEEE/ACM Transactions on Networking, 2008, 16(5): 1080-1093.

[106] Ramanathan R, Rosales-Hain R. Topology Control of Multihop Wireless Networks using Transmit Power Adjustment. IEEE INFOCOM, Tel Aviv, Israel, Aug, 2000.

[107] Reis C, Mahajan R, Rodrig M, et al. Measurement-based Models of Delivery and Interference in a Static Wireless Networks. ACM SIGCOMM, Pisa, Italy, Oct, 2006.

[108] Rao A, Stoica I. An Overlay Mac Layer for 802.11 Networks. ACM MOBISYS, Seattle, WA, USA, Jun, 2005.

[109] Ray S, Starobinski D, Carruthers J. Performance of Wireless Networks with Hidden Nodes: A Queueing-theoretic Analysis, Journal of Computer Communications (Special Issue on the Performance of Wireless LANs, PANs, and Ad-Hoc Networks), 2005, 28(10): 1179-1192.

[110] Sundaresan K, Anantharaman V, Hsieh H-Y, et al. ATP: A Reliable Transport Protocol for Ad Hoc Networks. IEEE Transactions on Mobile Computing, 2005, 4(6): 588-603.

[111] Shrivastava V, Ahmed N, Rayanchu S, et al. CENTAUR: Realizing the Full Potential of Centralized WLANs through a Hybrid Data Path. ACM MOBICOM, Beijing, China, Sep, 2009.

[112] Sanghavi S, Bui L, Srikant R. Distributed Link Scheduling with Constant Overhead. ACM SIGMETRICS, 2007, 35(1): 313-324.

[113] Sun Y, Gao X, Belding-Royer E M, et al. Model-based Resource Prediction for Multi-hop Wireless Networks, IEEE MASS, Lauderdale, FL, USA, Oct, 2004.

[114] Gaurav Sharma, Ayalvadi Ganesh, Peter Key. Performance Analysis of Contention Based Medium Access Control Protocols. IEEE INFOCOM, Barcelona, Catalunya, SPAIN, Apr, 2006.

[115] Shi Jingpu, Omer Gurewitz, Vincenzo Mancuso, et al. Measurement and Modeling of the Origins of Starvation in Congestion Controlled Mesh Networks. IEEE INFOCOM, Phoenix, Arizona, USA, Apr, 2008.

[116] Shree M. Garcia-Luna-Aceves J J. An Efficient Routing Protocol for Wireless Networks. Mobile Networks and Applications, 1996, 1(2): 183-197.

[117] Chhaya H S, Gupta S. Performance Modeling of Asynchronous Data Transfer Methods of IEEE 802.11 MAC Protocol. Wireless Networks, 1997, 3(3): 217-234.

[118] Saha A K, Johnson D B. Self-organizing Hierarchical Routing for Scalable Ad hoc Networking, Technical Report, TR04-433, Department of Computer Science, Rice University.

[119] Sridharan A, Moeller S, Krishnamachari B, et al. Implementing Backpressure-based Rate Control in Wireless Networks. Information Theory and Applications Workshop, San Diego, CA, Feb, 2009.

[120] Sinha P, Nandagopal T, Venkitaraman N, et al. WTCP: a Reliable Transport Protocol for Wireless Wide-area Networks. Wireless Networks, 2002, 8(2): 301-316.

[121] Sundaresan K, Sivakumar R, Ingram M A, et al. A Fair Medium Access Control Protocol for Ad hoc Networks with MIMO links. IEEE INFOCOM, Hong Kong, China, Mar, 2004.

[122] Shakkottai S, Srikant R. Network Optimization and Control, Foundations and Trends in Networking, Jan, 2007, 2(3): 271-379.

[123] Tassiulas L, Ephremides A. Stability Properties of Constrained Queueing Systems and Scheduling Policies for Maximum Throughput in Multihop Radio Networks, IEEE Transactions Automat. 1992, 37(4): 1936-1948.

[124] Tie X, Venkataramani A, Balasubramanian A. R3: Robust Replication Routing in Wireless Networks with Diverse Connectivity Characteristics. ACM MOBICOM, Las Vegas, NV, USA, Sep, 2011.

[125] Tao S, Xu K, Estepa A, et al. Improving VoIP Quality through Path Switching. IEEE INFOCOM, Miami, FL, Mar, 2005.

[126] Vaidya N H, Bahl P, Gupta S. Distributed Fair Scheduling in a Wireless LAN. ACM MOBICOM, Boston, Massachusetts, USA, Aug, 2000.

[127] Venkataramanan V J, Lin X, Ying L, et al. On Scheduling for Minimizing End-to-end Buffer Usage over Multihop Wireless Networks. IEEE INFOCOM, San Diego, CA, Mar, 2010.

[128] Vergetis E, Pierce E, Blanco M, et al. Packet-Level Diversity: from Theory to Practice: An 802.11-based Experimental Investigation. ACM MOBICOM, Los Angeles, California, USA, Sep, 2006.

[129] Advanced R F. Management for Wireless Grids, White-paper from Aruba Networks. http://www.arubanetworks.com/pdf/rf-for-grids.pdf.

[130] Warrier A, Janakiraman S, Ha S, et al. DIFFQ: Practical Differential Backlog Congestion Control for Wireless Networks. IEEE INFOCOM, Rio de Janeiro, Brazil, Apr, 2009.

[131] Wu K D, Liao W. On Service Differentiation for Multimedia Traffic in Multi-hop Wireless Networks. IEEE Transactions on Wireless Communications, 2009, 8(5): 2464-2472.

[132] Wang K C, Ramanathan P. End-to-end Throughput and Delay Assurances in Multihop

Wireless Hotpots. IEEE Globecom, Franciso, USA, Dec, 2003.

[133] Wu X, Srikant R, Perkings J R. Scheduling Efficiency of Distributed Greedy Scheduling Algorithms in Wireless Networks. IEEE INFOCOM, Barcelona, Catalunya, SPAIN, Apr, 2006.

[134] Xu K, Gerla M, Qi L, et al. Enhancing TCP fairness in Ad hoc Wireless Networks using Neighborhood RED. ACM MOBICOM, Annapolis, MD, USA, Jun, 2003.

[135] Xu K, Gerla M, Qi L, et al. TCP Unfairness in Ad Hoc Wireless Networks and a Neighborhood RED Solution. ACM Wireless Networks, 2005, 11(4): 383-399.

[136] Xue Q, Gong W, Ganz A. Proportional Service Differentiation in Wireless LANs Using Spacing-based Channel Occupancy Regulation. Mobile Networks and Applications, 2006, 11(2): 229-240.

[137] Xu K, Hong X, Gerla M. Landmark Routing in Ad hoc Networks with Mobile backbones, Journal of Parallel and Distributed Computing. Special Issue on Ad Hoc Networks, 2002, 63(2): 110-122.

[138] Yu X. Improving TCP Performance over Mobile Ad hoc Networks by Exploiting Cross-layer Information Awareness. ACM MOBICOM, Philadelphia, Pennsylvania. USA. Oct, 2004.

[139] Ye Z, Krishnamurthy S, Tripathi S. Use of Congestion-Aware Routing to Spatially Separate TCP Connections in Wireless Ad Hoc Networks. IEEE MASS, Fort Lauderdale, Florida, Oct, 2004.

[140] Yomo H, Popovski P. Opportunistic Scheduling for Wireless Network Coding. IEEE Transactions on Wireless Communications, 2009, 8(6): 2766-2770.

[141] Ying L, Shakkottai S, Reddy A. On Combining Shortest Path and Back-pressure Routing over Multihop Wireless Networks. IEEE INFOCOM, Rio de Janeiro, Brazil, Apl, 2009.

[142] Zlatokrilov H, Levy H. Packet Dispersion and the Quality of Voice over IP Application in IP networks. IEEE INFOCOM, Hong Kong, China, Mar, 2004.

[143] Zhou Anfu, Liu Min, Li Zhongcheng. Study on Optimal Packet Dispersion Strategy, Jorunal of Computer Research and Development. 2009, 46(4): 541-548.

[144] Zhou Anfu, Liu Min, Jiao Xuewu. Convergence Analysis and its Application of the Fixed Point Formulation of Medium Access in wireless network, China Communication(english version), 2011, 8(1): 43-49.

[145] Zhai H, Wang J, Fang Y. Distributed Packet Scheduling for Multihop Flows in Ad Hoc Networks. IEEE WCNC, Atlanta, Georgia, USA, Mar, 2004.

[146] Zeng K, Yang Z, Lou W. Opportunistic Routing in Multi-radio Multi-channel Multi-hop Wireless Networks. IEEE INFOCOM, San Diego, CA, USA, Mar, 2010.

[147] Zhu Y, Zhang Q, Niu Z, et al. Leveraging Multi-AP Diversity for Transmission Resilience in Wireless Networks: Architecture and Performance Analysis. IEEE Transactions on Wireless Communications, 2009, 8(10): 5030-5040.